JN267742

電気・電子の
基礎数学

堀 桂太郎・佐村敏治・椿本博久 共著

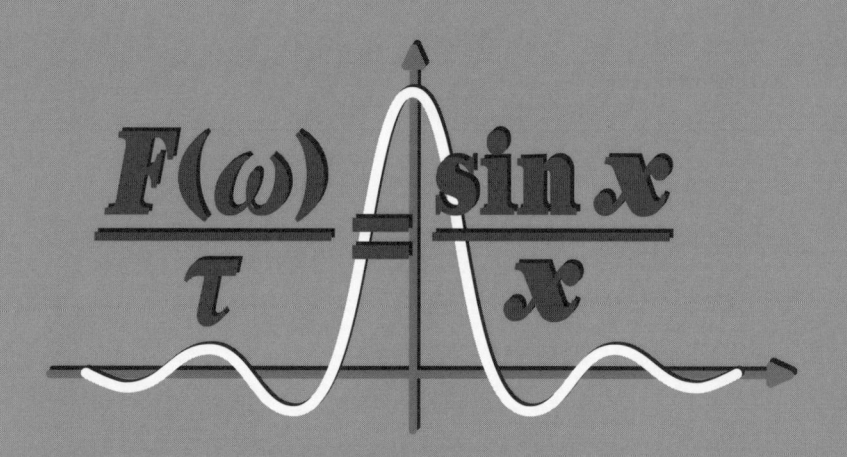

$$\frac{F(\omega)}{\tau} = \frac{\sin x}{x}$$

TDU 東京電機大学出版局

まえがき

　電気・電子に関する専門知識を学んでいくためには，数学の力が不可欠となる．しかし，限られた時間の下，数学の学習に集中していたのでは，本来の目標である専門の学習にまで手が回らなくなる恐れがある．したがって，専門と数学の学習をある程度は並行して行うことが現実的となろう．加えて，数学の学習は特に効率的に行う必要がある．

　本書は，高専や大学などで電気・電子を学んでいこうとする方々を対象にした「電気数学」即ち，電気・電子を学ぶために必要な数学の教科書である．著者らが，実際に電気数学の指導を行っている経験を活かして，重要ポイントをわかりやすく，かつ効率的に学習が進められるように執筆した．

　電気・電子に関する問題を解くためには，これらの分野についての専門知識が重要となることは言うまでもない．一方，本書の目標は，問題を解くために必要となる数学の力を身につけることである．したがって，電気・電子に関する専門知識については，他の関係科目の学習によって十分に修得していただきたい．

　本書を出版するにあたり，多大なご尽力をいただいた東京電機大学出版局の植村八潮氏，吉田拓歩氏にこの場を借りて厚く御礼申し上げる．

2005 年 8 月

堀桂太郎，佐村敏治，椿本博久

目　　次

第1章　数式の計算　　1
- 1-1　数 …………………………………………………………… 2
- 1-2　平方根に関する計算 ……………………………………… 4
- 1-3　整式の計算 ………………………………………………… 6
- 1-4　有理式の計算 ……………………………………………… 12

第2章　関数と方程式・不等式　　17
- 2-1　関数 ………………………………………………………… 18
- 2-2　分数関数と無理関数 ……………………………………… 19
- 2-3　指数関数と対数関数 ……………………………………… 24

第3章　2次関数　　33
- 3-1　2次関数 …………………………………………………… 34
- 3-2　2次方程式 ………………………………………………… 37
- 3-3　2次不等式 ………………………………………………… 40

第4章　行列と連立方程式　　45
- 4-1　行列 ………………………………………………………… 46
- 4-2　連立方程式の解法 ………………………………………… 54

第5章　三角関数の基本　　　61
- 5-1　三角関数の基礎 62
- 5-2　正弦波交流 69
- 5-3　逆三角関数 72

第6章　三角関数の応用　　　77
- 6-1　加法定理 78
- 6-2　三角関数の諸公式 81

第7章　複素数の基本　　　89
- 7-1　複素数とは 90
- 7-2　複素数の計算 95

第8章　複素数の応用　　　103
- 8-1　複素数と交流回路 104
- 8-2　交流回路の計算 110

第9章　微分の基本　　　119
- 9-1　極限と微分係数 120
- 9-2　微分の基礎 124
- 9-3　微分と極値 130

第10章　微分の応用　　　135
- 10-1　いろいろな関数の微分 136
- 10-2　微分と電気回路 142
- 10-3　偏微分 144

第 11 章　積分の基本 — 151
- 11-1　不定積分 — 152
- 11-2　いろいろな積分法 — 156

第 12 章　積分の応用 — 161
- 12-1　定積分 — 162
- 12-2　積分と電気工学 — 167

第 13 章　微分方程式 — 175
- 13-1　微分方程式の基礎 — 176
- 13-2　線形微分方程式 — 182

第 14 章　フーリエ級数 — 189
- 14-1　フーリエ級数の基礎 — 190
- 14-2　フーリエ変換の基礎 — 196

第 15 章　ラプラス変換 — 203
- 15-1　ラプラス変換の基礎 — 204
- 15-2　ラプラス逆変換の基礎 — 209
- 15-3　ラプラス変換を用いた微分方程式の解法 — 211

問題解答 — 217

問題の詳しい解答は
http://www.tdupress.jp/からダウンロードできます

第1章　数式の計算

　数学の学習に計算力は欠くことができない．ここでは電気数学で頻繁に使われる平方根などの無理数の処理や式の変形に用いられる整式，有理数の計算方法について学ぶ．

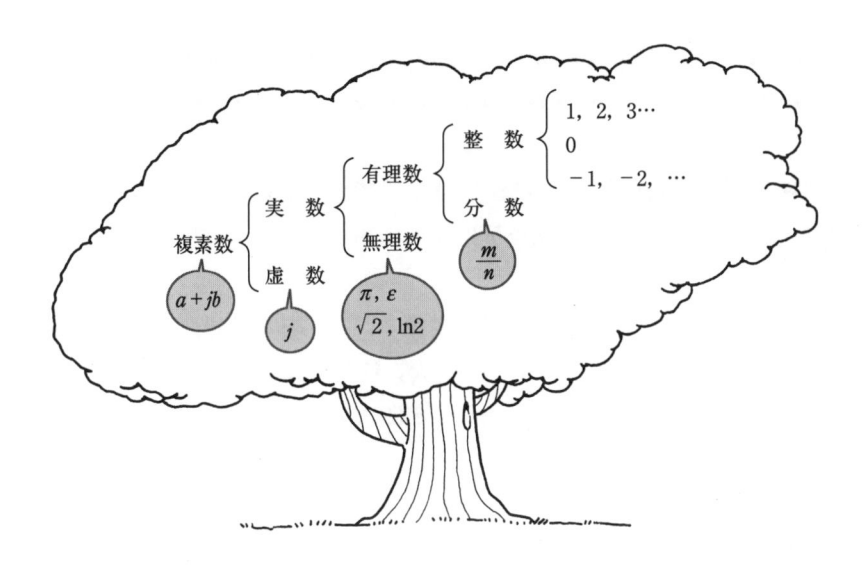

複素数 $a+jb$
実数
虚数 j
有理数
無理数 $\pi, \varepsilon, \sqrt{2}, \ln 2$
整数 $\begin{cases} 1, 2, 3\cdots \\ 0 \\ -1, -2, \cdots \end{cases}$
分数 $\dfrac{m}{n}$

〈Keywords〉　有理数，無理数，平方根，有理化，整式，有理式，同類項，次数，係数，展開，因数分解，未定係数法

1-1 数

1. 整数

1, 2, 3, … を **自然数** または正の整数といい，負の整数 -1, -2, -3, … および 0 を合わせて **整数** という．整数 a が整数 b で割り切れるとき，a を b の **倍数**，b を a の **約数** という（ただし，1 はすべての整数の約数であり，すべての整数は 1 の倍数である．0 はすべての整数の倍数であるが，いかなる整数の約数でもない）．1 より大きい整数 n が 1 と自分自身以外に正の約数をもたないとき n を **素数** という（ただし，1 は素数ではない）．整数は素数の積で表すことができる．

【例題 1.1】 連続した 2 つの整数の積は 2 で割り切れ，連続した 3 つの整数の積は 6 で割り切れる理由を示しなさい．

解答 連続した 2 数を a, $a+1$ とすると，いずれかは偶数であるから，積 $a(a+1)$ は 2 で割り切れる．また，連続した 3 数を b, $b+1$, $b+2$ とすると，そのうちの 1 つは 3 の倍数であり，またいずれかは偶数であるから，積 $b(b+1)(b+2)$ は 6 で割り切れる．

2. 有理数と無理数・実数

2 つの整数 m, n の「比」で表される数 $\dfrac{m}{n}$ ($n \neq 0$) を **有理数** という．有理数は分数または小数（有限小数か循環無限小数）で表される．循環無限小数は，図 1.1 のように分数にすることができる．

$$
\begin{array}{r}
1000A = 123.123123\cdots \\
-)\quad A = 0.123123\cdots \\
\hline
999A = 123 \\
\therefore A = \dfrac{123}{999}
\end{array}
$$

循環小数を $A = 0.\dot{1}2\dot{3} = 0.123123123\cdots$ とすると $A = \dfrac{123}{999} = \dfrac{41}{333}$ である．

図 1.1 循環小数を分数に直す

無理数とは有理数で表すことのできない実数で，循環しない無限小数で表される．無理数の例としては，円周率 π や平方根，立方根（一般に n 乗根），後に述べる対数や自然対数の底 e 等がある．有理数と無理数を合わせて**実数**という．

【例題 1.2】 次の数は有理数か，無理数か示しなさい．
① $\sqrt{\dfrac{4}{9}}$ ② $\dfrac{\sqrt{3}}{2}$ ③ $\sqrt{0.25}$ ④ $3+\sqrt{2}$

解 答 ① $\sqrt{\dfrac{4}{9}}=\dfrac{2}{3}$ なので有理数　②は無理数
③ $\sqrt{0.25}=0.5$ なので有理数　④は無理数

コラム
量と有効数字

私達の身の周りの量は数値で取り扱われる．例えば，明石大橋の全長は 3 911 メートルである．これを書き表すときは 3 911 m と書く．m は「長さ」という量の単位であり，量は**数値**と**単位**を掛け合わせた形になっている．

単位は基本単位と組立単位からなる単位系をなすが，現在では m，kg 等を基本単位とする**国際単位系**（SI）が使用されている．

電気・電子工学の学習に現れる数値の多くは，測定値や計算結果から得られた数値であるが，いずれの場合も**端数の処理**がなされる．端数の処理には，切り捨て，切り上げ，四捨五入がよく知られているが，工学においては特に**有効数字**の扱いが重要である．有効数字とは，量の測定や計算において有効でかつ有意味な桁数を持った数値のことである．したがって，端数処理は有効数字を考慮して行うことが大切で，実用的には有効数字 3 桁ぐらいにするのが一般的である．また電卓で乗除計算した結果は何桁も表示されるが，乗除に用いた元の数値の桁数の小さい方の桁数にそろえて有効数字を決める．実際には，測定値や計算の途中結果は有効数字より 1 桁多くとっておき，最後に端数処理によって有効数字にそろえるのがよい．

大きな数値や小さな数値は，有効数字をもとに指数を用いた表し方が用いられ，有効数字を a とすると $a\times 10^n$ または $a\times 10^{-n}$ という形で表される．2 300 000 の有効数字は不明であるが，2.30×10^6 とすれば，有効数字は 3 桁である．

1-2 平方根に関する計算

1. 平方根

2乗して2になる数，すなわち $x^2=2$ の解を2の**平方根**（ルート）という．$x^2=2$ の解は $x=\pm\sqrt{2}$ で，$+\sqrt{2}$ と $-\sqrt{2}$ の2つの解が存在する．

一般に正の数 a の平方根は2つあり，正の方を $\sqrt{a}$，負の方を $-\sqrt{a}$ で表す（ただし，0の平方根は0のみである）．負の数の平方根は実数の範囲には存在しない．

代表的な平方根の値は，図1.2のような方法で記憶しておくとよい．

$$\sqrt{2} = 1.414 \text{（一夜一夜）}$$
$$\sqrt{3} = 1.732 \text{（人並に）}$$
$$\sqrt{5} = 2.236 \text{（富士山麓）}$$
$$\sqrt{6} = 2.449 \text{（煮よ，よく）}$$
$$\sqrt{7} = 2.645 \text{（二浪死語）}$$
$$\sqrt{8} = 2.828 \text{（ニヤニヤ）}$$
$$\sqrt{10} = 3.162 \text{（三色に）}$$

図1.2 平方根の覚え方

【例題 1.3】 次の数を求めなさい．
① 16 の平方根 ② $\sqrt{(-3)^2}$

解 答 ① ± 4 ② $\sqrt{(-3)^2}=\sqrt{9}=3$

2. 平方根を含む式の計算

平方根については，次の公式(1.1)が成り立つので，平方根を含む式はこの公式を使って簡単にすることができる．

$$a>0, \ b>0 \text{ のとき}, \ \sqrt{ab}=\sqrt{a}\sqrt{b}, \ \sqrt{\frac{a}{b}}=\frac{\sqrt{a}}{\sqrt{b}} \qquad (1.1)$$

【例題 1.4】 次の式を簡単にしなさい．

① $\sqrt{\dfrac{27}{4}}$　　② $\sqrt{180}$　　③ $\sqrt{0.72}$

解答 ① $\sqrt{\dfrac{27}{4}}=\dfrac{\sqrt{3^3}}{\sqrt{2^2}}=\dfrac{3\sqrt{3}}{2}$　　② $\sqrt{180}=\sqrt{2^2\cdot 3^2\cdot 5}=6\sqrt{5}$

③ $\sqrt{0.72}=\sqrt{\dfrac{72}{100}}=\dfrac{\sqrt{2^3\cdot 3^2}}{\sqrt{10^2}}=\dfrac{6\sqrt{2}}{10}=\dfrac{3\sqrt{2}}{5}$

3．平方根の分母の有理化

分母に平方根を含む式は，そのままにせず有理数を分母とする形に変形する．これを**分母の有理化**という．有理化には一般に次の公式(1.2)が利用される．

$$(\sqrt{a})^2=a\ ,\ (\sqrt{a}+\sqrt{b})(\sqrt{a}-\sqrt{b})=a-b \tag{1.2}$$

【例題 1.5】 次の無理式を有理化しなさい．

① $\dfrac{3}{\sqrt{6}}$　　② $\dfrac{2}{3-\sqrt{7}}$

解答 ① $\dfrac{3}{\sqrt{6}}=\dfrac{3\sqrt{6}}{\sqrt{6}\sqrt{6}}=\dfrac{3\sqrt{6}}{6}=\dfrac{\sqrt{6}}{2}$

② $\dfrac{2}{3-\sqrt{7}}=\dfrac{2(3+\sqrt{7})}{(3-\sqrt{7})(3+\sqrt{7})}=\dfrac{6+2\sqrt{7}}{9-7}=\dfrac{6+2\sqrt{7}}{2}=3+\sqrt{7}$

・**対称式**　式中の 2 文字を交換しても，前と同じ式が得られるような式を**対称式**という．対称式は基本対称式で表せるという特徴を持っている．

　基本対称式　$a+b,\ ab$　→　（例）$(a-b)^2=(a+b)^2-4ab$
$$a^3+b^3=(a+b)^3-3ab(a+b)$$

演習問題 1.1

1. 次の式を簡単にしなさい．

    ① $\sqrt{125}+\sqrt{20}-\sqrt{45}$　　② $\dfrac{2\sqrt{2}+\sqrt{3}}{\sqrt{3}+\sqrt{2}}$

2. $x=\dfrac{1}{\sqrt{3}+\sqrt{2}},\ y=\dfrac{1}{\sqrt{3}-\sqrt{2}}$ のとき，次の値を求めなさい．

    ① x^2+xy+y^2　　② $\dfrac{y}{x}+\dfrac{x}{y}$

1-3　整式の計算

1.　整式の整理と加法・減法

① 数や文字の積で表された式を **単項式** という．（例　$3x$，$2ax^2$）
　いくつかの単項式の和で表された式を **多項式** という．（例　x^2-2x+1）
　単項式と多項式を合わせて **整式** という．
② 単項式において掛け合わされている文字の個数を，その単項式の **次数** といい，文字以外の部分を **係数** という．（例　$2x^3$ の次数は 3 で係数は 2）
　1 つの整式において，最も高い次数をその整式の次数という．
③ 文字を含まない項を **定数項** という．
④ 1 つの整式で，着目した文字の部分が同じ項を **同類項** という．
整式を整理するには，次の手順で行う．

● 整式の整理手順

1. 同類項を 1 つにまとめる．
2. 1 つの文字について，次数の高い項から順に並べる **降べきの順** に整理する．

【例題 1.6】　次の整式の和 $A+B$，差 $A-B$ を求めなさい．
　　$A=3x^2-2x+1$　　$B=-x^2+x-2$

解答　　$A+B=3x^2-2x+1-x^2+x-2=2x^2-x-1$

$$A-B = 3x^2-2x+1-(-x^2+x-2) = 4x^2-3x+3$$

2．整式の乗法と展開

単項式の乗法・除法には，式(1.3)に示す**指数法則**が用いられる．

$$
\begin{aligned}
&a \neq 0, \quad m, n \text{ は自然数}, \quad m > n \text{ のとき} \\
&a^m \times a^n = a^{m+n} \qquad (a^m)^n = a^{mn} \\
&(ab)^n = a^n b^n \qquad a^m \div a^n = a^{m-n}
\end{aligned}
\tag{1.3}
$$

多項式の乗法においては，式(1.4)に示す**分配法則**や**展開公式**が用いられる．

$$
\begin{aligned}
&\text{分配法則} \\
&\qquad \text{多項式 } A, B, C \text{ について} \\
&A(B+C) = AB + AC \\
&(A+B)C = AC + BC
\end{aligned}
\tag{1.4}
$$

展開公式
① $(a \pm b)^2 = a^2 \pm 2ab + b^2$ （複号同順：同じ順にとること）
② $(a+b)(a-b) = a^2 - b^2$
③ $(x+a)(x+b) = x^2 + (a+b)x + ab$
④ $(ax+b)(cx+d) = acx^2 + (bc+ad)x + bd$
⑤ $(a \pm b)^3 = a^3 \pm 3a^2 b + 3ab^2 \pm b^3$ （複号同順）

このように多項式の積の形の式を単項式の和の形に直すことを**展開する**という．

【例題 1.7】 次の式を展開しなさい．
① $(a-b+c)^2$ ② $(2a-b)^3$

解答 ① $(a-b+c)^2=\{(a-b)+c\}^2=(a-b)^2+2(a-b)c+c^2$
$=a^2+b^2+c^2-2ab-2bc+2ca$
② $(2a-b)^3=(2a-b)^2(2a-b)=(4a^2-4ab+b^2)(2a-b)$
$=8a^3-12a^2b+6ab^2-b^3$

(別解) 展開公式を用いてもよい

3. 整式の因数分解

単項式の和からなる式を，多項式の積に直すことを**因数分解する**という．

因数分解公式
① $a^2\pm 2ab+b^2=(a\pm b)^2$　　　　　　　　　　　(複号同順)
② $a^2-b^2=(a+b)(a-b)$
③ $x^2+(a+b)x+ab=(x+a)(x+b)$
④ $acx^2+(bc+ad)x+bd=(ax+b)(cx+d)$
⑤ $a^3+3a^2b+3ab^2\pm b^3=(a\pm b)^3$　　　　　　　(複号同順)
⑥ $a^3\pm b^3=(a\pm b)(a^2\mp ab+b^2)$　　　　　　　(複号同順)

●因数分解の方法

1 共通因数があればくくり出す．
2 公式を当てはめる．当てはまる公式が見つからないときは，最も次数の低い文字に着目して降べきの順に整理し，公式を当てはめる．
3 解の公式を適用する．(解の公式は 3-2 参照)
4 3次以上の高次式では，因数定理を用いて1つの因数を見つけ，次数を下げる．

【例題 1.8】　次の式を因数分解しなさい．
① $(a-1)b-(a-1)c$　　② $8a^3+24a^2b+18ab^2$
③ $49x^3y-81xy^3$　　　④ $6x^2+5xy-4y^2$

解答 ① $(a-1)b-(a-1)c$　　② $8a^3+24a^2b+18ab^2$
　　　　$=(a-1)(b-c)$　　　　　$=2a\{(2a)^2+2\cdot 2a\cdot 3b+(3b)^2\}$
　　　　　　　　　　　　　　　　$=2a(2a-3b)^2$

　　　③ $49x^3y-81xy^3$　　④ $6x^2+5xy-4y^2$
　　　　$=xy\{(7x)^2-(9y)^2\}$　$=(3x+4y)(2x-y)$
　　　　$=xy(7x+9y)(7x-9y)$

例題1.8④で用いた，いわゆる「たすきがけ」の計算方法を図1.3に示す．

「たすきがけ」計算方法
① 掛けて6になり，掛けて4になる2つの数の組合せを見つける．
② 互いに斜めに掛け算した結果の8，3を右(xy)列に書く．
③ 第2項の係数が+5になるように，8，3の正負を定め，+8，−3を得る．
④ 得られた正負の符号を前(y)列に戻し，+4，−1を得る．
⑤ (x)列，(y)列の数を係数とする2つの多項式の積が因数分解の結果$(3x+4y)(2x-y)$となる．

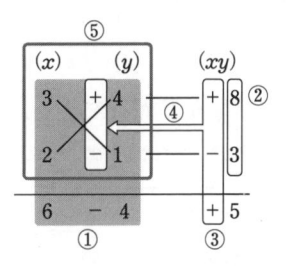

図1.3 「たすきがけ」の計算法

【例題1.9】 次の式を因数分解しなさい．
$$2x^2-5xy-3y^2+x+11y-6$$

解答 xについて整理すると
$$2x^2-5xy-3y^2+x+11y-6$$
$$=2x^2+(-5y+1)x$$
$$\quad -(3y^2-11y+6)$$
$$=2x^2+(-5y+1)x$$
$$\quad -(3y-2)(y-3)$$
$$=\{2x+(y-3)\}\{x-(3y-2)\}$$
$$=(2x+y-3)(x-3y+2)$$

4. 整式の除法
（1） 除法の計算方法
◉ **除法の計算方法**
① それぞれの整式を降べきの順に整理する．
② 各項の次数に注意し，整数の割り算に似た縦書き計算を行う．

2つの整式 A, B について，$B \neq 0$ のとき，$A = BQ$ となる整式 Q が存在するならば，A は B で**割り切れる**といい，Q を，A を B で割った**商**という．また A が B で割り切れないときは，式(1.5)に示すように
$$A = BQ + R \tag{1.5}$$
となる R が存在する．この R を，A を B で割った**余り**という．このとき R の次数は B の次数より低い．

【例題 1.10】 整式 A を整式 B で割ったときの商と余りを求めなさい．
$$A = 2x^3 - 3x^2 + 4 \qquad B = x^2 - 3x + 2$$

解 答

$$
\begin{array}{r}
2x+3 \\
x^2-3x+2 \overline{\smash{)}\,2x^3-3x^2+4} \\
\underline{2x^3-6x^2+4x} \\
3x^2-4x+4 \\
\underline{3x^2-9x+6} \\
5x-2
\end{array}
$$

商は $2x+3$

余りは $5x-2$

【例題 1.11】 x の整式 A を x^2+2x+3 で割ったとき，商が $2x-1$，余りが $-3x+2$ であった．A を求めなさい．

解 答 $A = (x^2+2x+3)(2x-1) - 3x + 2 = 2x^3 + 3x^2 + x - 1$

(2) 除法に関する定理

割り算の余りを剰余とよぶが，剰余に関する便利な定理があり整式の計算や因数分解に利用されている．

剰余定理
① $f(x)$ を $(x-a)$ で割ったときの余りは $f(a)$ に等しい．
② $f(x)$ を $(ax+b)$ で割ったときの余りは $f\left(-\dfrac{b}{a}\right)$ に等しい．

因数定理
① $f(a)=0$ ならば，$f(x)$ は $(x-a)$ で割り切れる．
② $f\left(-\dfrac{b}{a}\right)=0$ ならば，$f(x)$ は $(ax+b)$ で割り切れる．
③ $f(a)=f(\beta)=0$ ならば，$f(x)$ は $(x-a)(x-\beta)$ で割り切れる．

【例題 1.12】 整式 $P(x)$ を $(x-2)$ で割ると 3 余り，$(x+3)$ で割ると -7 余るという．$P(x)$ を (x^2+x-6) で割ったときの余りを求めなさい．

解 答 $P(x)=(x-2)(x+3)Q(x)+ax+b$ とすると，剰余定理より
$$P(2)=2a+b=3 \quad ①$$
$$P(-3)=-3a+b=-7 \quad ②$$
①，②より，$a=2,\ b=-1$，　よって余りは $2x-1$

【例題 1.13】 $x^3-9x^2+26x-24$ を因数分解しなさい．

解 答 $f(x)=x^3-9x^2+26x-24$ とおくと
$$f(2)=2^3-9\cdot2^2+26\cdot2-24=0$$
よって因数定理より，$f(x)$ は $x-2$ で割り切れる．$f(x)$ を $x-2$ で割ると
$$f(x)=(x-2)(x^2-7x+12)=(x-2)(x-3)(x-4)$$

演習問題 1.2

1. 次の整式は何次式で何項式か，また各項の係数の値を答えなさい．
   $a^2x+3x^2y-2y^3$

2. $P=x^3-3x-4$, $Q=x^2+2x-1$ とするとき，次の整式の計算をしなさい．
   ① $P+Q$ ② $P-Q$ ③ $2P+3Q$ ④ $P\times Q$
   ⑤ $P\div Q$

3. 次の式を公式を利用して展開しなさい．
   ① $(a+b)(a^2+b^2)(a-b)$ ② $(a^2+ab+b^2)(a^2-ab+b^2)$
   ③ $(x+1)^2(x-1)^2$ ④ $(x-3)(x+5)$
   ⑤ $(2x+3)(x-5)$

4. 次の式を因数分解しなさい．
   ① $a^2(b-c)+b^2(c-a)+c^2(a-b)$ ② $4x^3+12x^2y+9xy^2$
   ③ $6x^2-x-2$ ④ $x(x-a)+2(a-2)$
   ⑤ $(x^2+3x)^2-2(x^2+3x)-8$

5. x の整式 $2x^3+ax^2+bx+3$ を $x-1$ で割ると割り切れ，$x+2$ で割ると -9 余るという．定数 a, b の値を求めなさい．

1-4 有理式の計算

1．分数式の計算

2つの整式 A, B を用いて $\dfrac{A}{B}$ という形に表される式を**分数式**といい，整式と分数式を合わせて**有理式**という．分数式については一般の分数の計算と同じように，加法や減法においては**約分**や**通分**を行い，乗法や除法においては式(1.7)のような方法で計算を行う．なお因数分解できるものは因数分解しておく．

$$\frac{A}{B} \times \frac{C}{D} = \frac{AC}{BD} \qquad \frac{A}{B} \div \frac{C}{D} = \frac{A}{B} \times \frac{D}{C} = \frac{AD}{BC} \tag{1.7}$$

【例題 1.14】 次の分数式の計算をしなさい．

$$\frac{x^2-9}{x^2-7x+12} \div \frac{2x+6}{x-1}$$

解 答
$$\frac{x^2-9}{x^2-7x+12} \div \frac{2x+6}{x-1} = \frac{(x+3)(x-3)}{(x-3)(x-4)} \times \frac{(x-1)}{2(x+3)} = \frac{x-1}{2(x-4)}$$

2． 部分分数への分解

分数式を，簡単な分数式の和として表すことを**部分分数**への分解という．このとき未知係数の決定に**未定係数法**を用いるが，未定係数法には

① 次数の等しい項の係数を比較し，連立方程式をたてて解く係数比較法．
② 変数に適当な値を代入し，連立方程式をたてて解く数値代入法がある．

【例題 1.15】 次の分数式を部分分数の和で表しなさい．

① $\dfrac{2x+3}{x^2+3x+2}$ ② $\dfrac{x^3-1}{x^3+x^2}$

解 答 ① $\dfrac{2x+3}{x^2+3x+2} = \dfrac{2x+3}{(x+1)(x+2)} = \dfrac{a}{x+1} + \dfrac{b}{x+2}$ とおくと

$$\frac{a}{x+1} + \frac{b}{x+2} = \frac{a(x+2)+b(x+1)}{(x+1)(x+2)} = \frac{(a+b)x+2a+b}{(x+1)(x+2)}$$

分子の係数を比較すると（係数比較法），$a+b=2$, $2a+b=3$

これを解いて $a=1$, $b=1$

よって $\dfrac{2x+3}{x^2+3x+2} = \dfrac{1}{x+1} + \dfrac{1}{x+2}$

② $\dfrac{x^3-1}{x^3+x^2} = \dfrac{x^3+x^2-x^2-1}{x^3+x^2} = 1 - \dfrac{x^2+1}{x^3+x^2} = 1 - \dfrac{x^2+1}{x^2(x+1)}$

$$=1-\frac{ax+b}{x^2}+\frac{c}{x+1}=1-\frac{a}{x}+\frac{b}{x^2}+\frac{c}{x+1}$$

とおき， 通分して，分子だけを取り出すと

$$x^3-1=x^2(x+1)-ax(x+1)+b(x+1)+cx^2$$

これに $x=0$ を代入すると（数値代入法），$-1=b$

$x=-1$ を代入すると，$-2=c$

$x=1$ を代入すると，$0=2-2a-2-2,\ a=-1$

よって $\dfrac{x^3-1}{x^3+x^2}=1+\dfrac{1}{x}-\dfrac{1}{x^2}-\dfrac{2}{x+1}$

演習問題 1.3

1. 次の式を簡単にしなさい．

   ① $\dfrac{1+\dfrac{a+b}{a-b}}{1-\dfrac{a+b}{a-b}}$ ② $\dfrac{\dfrac{a+b}{a-b}-\dfrac{a-b}{a+b}}{\dfrac{a+b}{a-b}+\dfrac{a-b}{a+b}}$

2. $\dfrac{x-2}{x^2-1}-\dfrac{x-5}{x^2-3x+2}$ を計算しなさい．

3. $\dfrac{2}{x^2-1}$ を部分分数へ分解しなさい．

章末問題 1

1. 次の式を簡単にしなさい．
   ① $\dfrac{2+\sqrt{3}}{1+\sqrt{2}-\sqrt{3}} + \dfrac{2-\sqrt{3}}{1+\sqrt{2}+\sqrt{3}}$
   ② $\dfrac{2+\sqrt{3}}{\sqrt{7-4\sqrt{3}}}$

2. 次の式を展開しなさい．
   ① $(a+b)(a-2b)(a^2-ab+2b^2)$
   ② $(x^2-2x+3)(3+2x+x^2)$
   ③ $(x+1)(x+2)(x+3)(x+4)$

3. 次の式を因数分解しなさい．
   ① x^3-8
   ② $6x^2-x-2$
   ③ x^4-5x^2+4
   ④ x^4+x^2+1
   ⑤ $2x^2+xy-y^2+3y-2$
   ⑥ $(x^2+2x-2)(x^2+2x+4)-7$
   ⑦ $4x^4-13x^2y^2+9y^4$

4. $P(x)=x^3+mx^2-3x+m^2$ を $x-2$ で割ったときの余りが 7 となるような m の値を求めなさい．

5. 整式 $P(x)$ を $x+1$, $x+2$, $x+3$ で割ったときの余りがそれぞれ 2, 3, 6 である．$P(x)$ を $(x+1)(x+2)(x+3)$ で割ったときの余りを求めなさい．

6. 次の式を計算しなさい
   ① $1-\dfrac{1}{x-\dfrac{1}{x}}$
   ② $\dfrac{x+1}{x}-\dfrac{x+2}{x+1}+\dfrac{x+1}{x+2}-\dfrac{x+2}{x+3}$

7. $\dfrac{x^2}{x^2-3x+2}$ を部分分数へ分解しなさい．

第2章　関数と方程式・不等式

　電気工学では，入力と出力の関係はすべて関数で記述され，計算の過程でもさまざまな関数が用いられる．関数が整式，分数式，無理式で表されるとき，それぞれ整関数，分数関数，無理関数とよばれ，その次数によって1次関数，2次関数，3次関数とよばれる．

　この章では，さまざまな関数の特徴を理解し，それらの関数を用いた方程式や不等式の解き方の基本を会得する．

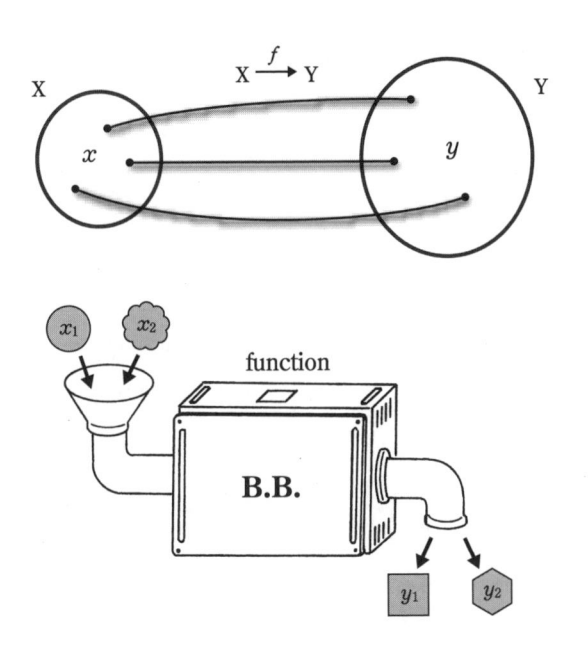

〈Keywords〉　関数，定義域，値域，逆関数，分数関数，無理関数，指数関数，対数関数，常用対数，自然対数

2-1 関数

1. 関数の定義域と値域

数集合 X, Y があって，それぞれの要素 x, y の間に1対1の対応関係があるとき，y は x の**関数**であるといい，$y=f(x)$ と表す．

関数 $y=f(x)$ において，x のとりうる値の集合を x の**変域**あるいはこの関数の**定義域**という．また x が定義域を動くとき，それに対応して変化する y の値の集合をこの関数の**値域**という．また，x の値 a に対応する y の値を $f(a)$ で表し，これを $x=a$ における $f(x)$ の**値**という．

【例題 2.1】 $f(x)=2x^2+3x+1$ のとき $f(-2)$, $f(a-1)$ の値を求めなさい．

解 答
$$f(-2)=2(-2)^2+3(-2)+1=3$$
$$f(a-1)=2(a-1)^2+3(a-1)+1=2a^2-a=a(2a-1)$$

2. 逆関数

関数 $y=f(x)$ において，その値域に含まれる任意の値 y に対して $y=f(x)$ を満たす x の値が定まるならば，その対応の向きを逆にすることによって定まる関数を f の**逆関数**といい，f^{-1} で表す．

逆関数を求めるには，関数 $y=f(x)$ を x について解いたものを $x=g(y)$ とし，x と y を入れ替えて，$y=f^{-1}(x)$ とすればよい．

【例題 2.2】 $y=x^2$ の逆関数を求めなさい．

解 答 $y=f(x)=x^2$ を x について解くと $x=g(y)=\pm\sqrt{y}$
x と y を入れ替えると $y=f^{-1}(x)=\pm\sqrt{x}$

演習問題 2.1

1. $y = \sqrt{x+1} - 1$ $(0 \leq x \leq 3)$ の値域を求めなさい．
2. $y = 3x - 4$ $(0 \leq x \leq 4)$ の逆関数を求め，定義域と値域を答えなさい．

2-2 分数関数と無理関数

1．分数関数とそのグラフ

変数 x の分数式で表された関数を**分数関数**という．

（1） $y = \dfrac{k}{x}$ $(k \neq 0)$ のグラフの特徴

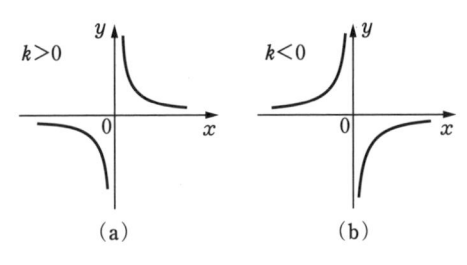

(a) $k>0$　　(b) $k<0$

図 2.1　$y = \dfrac{k}{x}$ のグラフ

① $x = 0$ では定義されない．すなわち定義域は $x \neq 0$ であり，値域は $y \neq 0$ である．
② $k > 0$ のとき，グラフは図 2.1(a) のように第 1 象限と第 3 象限に，$k < 0$ のとき，図 2.1(b) のように第 2 象限と第 4 象限にあり，原点から遠ざかるに従って限りなく x 軸，y 軸に近づく．x 軸と y 軸をこの関数の**漸近線**という．
③ 原点 $(0, 0)$ に関して対称であり，直線 $y = x$ に関しても対称である．

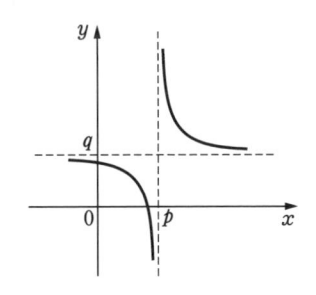

図 2.2　$y = \dfrac{k}{x-p} + q$ のグラフ

（2） $y=\dfrac{k}{x-p}+q$ （$k \neq 0$）のグラフの特徴

$y=\dfrac{k}{x-p}+q$ のグラフは図2.2に示すように，$y=\dfrac{k}{x}$ のグラフを x 軸方向に p，y 軸方向に q だけ平行移動した曲線であり，その漸近線は $x=p$，$y=q$ である．

【例題2.3】 $y=\dfrac{x-1}{x-2}$ のグラフを描き，曲線と座標軸との交点と漸近線の方程式を求めなさい．また，このグラフは $y=\dfrac{1}{x}$ のグラフをどのように平行移動したものか述べなさい．

解答　$y=\dfrac{x-1}{x-2}=\dfrac{(x-2)+1}{x-2}=\dfrac{1}{x-2}+1$

漸近線の方程式は $x=2$，$y=1$

x 軸との交点は $\dfrac{x-1}{x-2}=0$ より，$x=1$

y 軸との交点は $x=0$ より，$y=\dfrac{1}{2}$

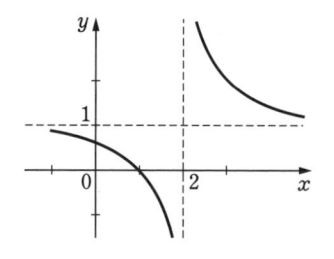

このグラフは $y=\dfrac{1}{x}$ のグラフを x 軸方向に 2，y 軸方向に 1 だけ平行移動したものである．

2．分数方程式と不等式

● 分数方程式の解き方

1. 両辺に分母の最小公倍数を掛けて分母を払う．
2. その方程式の解のうち，与式の分母を 0 にしないものが解である．
3. 置き換えや組み合わせを工夫する．

【例題2.4】 $\dfrac{x}{x+1}+\dfrac{x+1}{x+2}=\dfrac{x-2}{x-1}+\dfrac{x+3}{x+4}$ を解きなさい．

解 答
$$\left(1-\frac{1}{x+1}\right)+\left(1-\frac{1}{x+2}\right)=\left(1-\frac{1}{x-1}\right)+\left(1-\frac{1}{x+4}\right)$$

$$\therefore \quad \frac{1}{x+1}+\frac{1}{x+2}=\frac{1}{x-1}+\frac{1}{x+4}, \quad \text{組み合わせを変えて}$$

$$\frac{1}{x+1}-\frac{1}{x+4}=\frac{1}{x-1}-\frac{1}{x+2}$$

通分して $\dfrac{3}{(x+1)(x+4)}=\dfrac{3}{(x-1)(x+2)}$

これを解くと $(x+1)(x+4)=(x-1)(x+2)$ $\therefore$ $x=-\dfrac{3}{2}$（答）

● 分数不等式の解き方

① 左辺に集める．
② 両辺に（分母）$^2>0$ を掛けて分母を払う．
③ その不等式の解のうち，与式の分母を 0 にしないものが解である．

【例題 2.5】 $\dfrac{8}{x+1} \geqq 5-x$ を解きなさい．

解 答 左辺に集めて整理すると $\dfrac{x^2-4x+3}{x+1}=\dfrac{(x-1)(x-3)}{x+1} \geqq 0$

両辺に $(x+1)^2>0$ をかけると $(x-1)(x-3)(x+1) \geqq 0$

$\therefore \quad -1<x \leqq 1, \ 3 \leqq x$ （答）

3．無理関数とそのグラフ

変数 x の無理式で表された関数を**無理関数**という．
(1) $\boldsymbol{y=\pm\sqrt{ax}}$ $(a\neq 0)$ のグラフの特徴

$a>0$ の場合 基本となる $y=\pm\sqrt{x}$ を考えると，

① y が実数であるためには，定義域は $x \geqq 0$ でなければならない．このとき値域は $y=\sqrt{x}$ においては $y \geqq 0$ であり，$y=-\sqrt{x}$ においては $y \leqq 0$ である．

② $y=\pm\sqrt{x}$ は $y=x^2$ の逆関数である．

③ $y=\pm\sqrt{x}$ のグラフと $y=x^2$ のグラフは直線 $y=x$ に関して対称である.

a<0 の場合　基本となる $y=\pm\sqrt{-x}$ を考えると,

① y が実数であるためには,定義域は $x\leq 0$,このとき値域は $y=\sqrt{-x}$ のグラフにおいては $y\geq 0$ であり,$y=-\sqrt{-x}$ のグラフにおいては $y\leq 0$ である.

② $y=\pm\sqrt{-x}$ は $y=-x^2$ の逆関数である.

③ $y=\pm\sqrt{-x}$ のグラフと $y=-x^2$ のグラフは直線 $y=x$ に関して対称である.

$y=\pm\sqrt{ax}$ のグラフを図 2.3 に示す.

(2)　$y=\pm\sqrt{ax-b}+c$ $(a\neq 0)$ のグラフの特徴

① $a>0$ の場合の定義域は $x\geq \dfrac{b}{a}$ であり,$a<0$ の場合の定義域は $x\leq \dfrac{b}{a}$ である.また値域は,$y=\sqrt{ax-b}+c$ のグラフにおいては $y\geq c$ であり,$y=-\sqrt{ax-b}+c$ のグラフにおいては $y\leq c$ である.

② $y=\pm\sqrt{ax-b}+c$ のグラフは,$y=\pm\sqrt{ax}$ のグラフを,x 軸方向に $\dfrac{b}{a}$,y 軸方向に c だけ平行移動した曲線である.$y=\pm\sqrt{ax-b}+c$ の例を図 2.4 に示す.

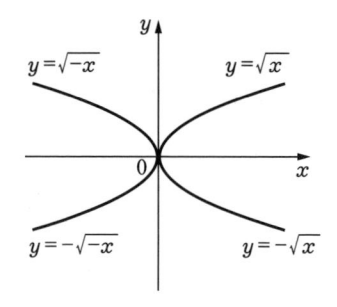

図 2.3　$y=\pm\sqrt{ax}$ のグラフ

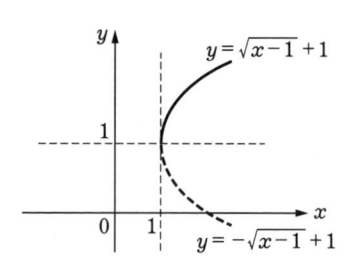

図 2.4　$y=\pm\sqrt{x-1}+1$ のグラフ

【例題 2.6】　次の関数のグラフを描きなさい.
　　① $y=\sqrt{x+2}$　　② $y=-\sqrt{3-x}+1$

解答 ①のグラフは，$y=\sqrt{x}$ のグラフを x 軸方向に -2 だけ平行移動したものである（図2.5①）．

②のグラフは，$y=-\sqrt{-(x-3)}+1$ であるから，$y=-\sqrt{-x}$ のグラフを x 軸方向に 3，y 軸方向に 1 だけ平行移動したものである（図2.5②）

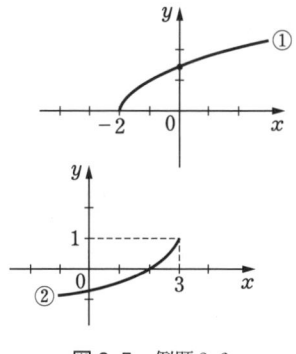

図2.5 例題2.6

4．無理方程式と不等式

● 無理方程式の解き方

[1] 適当な移項後両辺を2乗し，根号を含まない方程式を導く．

[2] その方程式の解のうち，与式を満たすものが解である．

【例題2.7】 $\sqrt{x+2}-\sqrt{3-x}=1$ を解きなさい．

解答 $\sqrt{x+2}=1+\sqrt{3-x}$ として両辺を2乗して整理すると $x-1=\sqrt{3-x}$

再び両辺を2乗して整理すると，$x^2-x-2=0$ ∴ $x=2, -1$

与式を満足するのは $x=2$ のみである．

● 無理不等式の解き方

[1] $f(x)>\sqrt{g(x)}$ ならば，$g(x)\geqq 0$，$f(x)\geqq 0$，$\{f(x)\}^2>g(x)$ の共通範囲が求める解．

[2] $f(x)<\sqrt{g(x)}$ ならば，$g(x)\geqq 0$，$f(x)\geqq 0$，$\{f(x)\}^2<g(x)$ の共通範囲が求める解．

[3] グラフが容易に描けるときは，グラフによる解法が簡単である．

【例題2.8】 $\sqrt{x+1}\leqq -x+2$ を解きなさい．

解答 $x+1≧0$, $-x+2≧0$ より定義域は $-1≦x≦2$

両辺を2乗して整理すると $x^2-5x+3≧0$

$x≦\dfrac{5-\sqrt{13}}{2}$, $x≧\dfrac{5+\sqrt{13}}{2}$　共通範囲は $-1≦x≦\dfrac{5-\sqrt{13}}{2}$

―――――――― 演習問題2.2 ――――――――

1. $y=\dfrac{2x-3}{x-2}$ のグラフを描き，その漸近線の方程式を答えなさい．

2. グラフを利用して，次の方程式，不等式を解きなさい．

    ① $x-1=\dfrac{1}{x}$　　② $x<\dfrac{2}{x-1}$

3. $y=-\sqrt{2-x}$ のグラフを描きなさい．

4. グラフを利用して，次の方程式，不等式を解きなさい．

    ① $\sqrt{x}=x-2$　　② $\sqrt{3-x}≧x-1$

2-3　指数関数と対数関数

1. 指数法則の拡張

$a≠0$, $b≠0$, m, n が自然数のとき，式(1.3)の指数法則が成り立ったが，ここで

$$a^0=1, \quad a^{-n}=\dfrac{1}{a^n}, \quad a^{\frac{1}{n}}=\sqrt[n]{a}, \quad a^{\frac{m}{n}}=\sqrt[n]{a^m}=(\sqrt[n]{a})^m \tag{2.1}$$

と定義すれば，$a>0$, $b>0$ のとき，上の指数法則は m, n が有理数の範囲でそのまま成り立つ．

【例題2.9】　次の値を求めなさい．

　　① $(-5)^0$　　② 2^{-3}　　③ $8^{\frac{2}{3}}$　　④ $32^{0.2}$

解答 ① $(-5)^0 = 1$　② $2^{-3} = \dfrac{1}{2^3} = \dfrac{1}{8}$　③ $8^{\frac{2}{3}} = (\sqrt[3]{8})^2 = 2^2 = 4$

④ $32^{0.2} = 32^{\frac{1}{5}} = \sqrt[5]{32} = \sqrt[5]{2^5} = 2$

2. 指数関数とそのグラフ

a を 1 でない正の定数とするとき，

$$y = a^x \quad (a>0,\ a \neq 1) \tag{2.2}$$

の形で表される関数を a を**底**とする**指数関数**という．指数関数は次の性質がある．
① x の定義域は実数全体，値域は $y>0$ である．
② $a^0=1$，$a^1=a$ であるから $y=a^x$ のグラフは，点 $(0,\ 1)$ および $(1,\ a)$ を通る．
③ $a>1$ のとき，x が増加するに従って a^x は**単調増加**し，$0<a<1$ のとき，a^x は**単調減少**する．また，どちらの曲線も x 軸が漸近線となる．

$y=a^x$ のグラフを図 2.6 に示す．

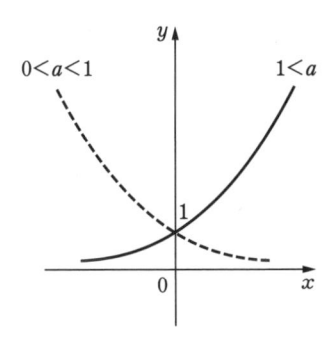

図 2.6　指数関数 $y=a^x$ のグラフ

【例題 2.10】 $y = f(x) = \left(\dfrac{1}{2}\right)^x$ において，$f(-1)$ と $f(2)$ はどちらが大きいか答えなさい．

解答 底が $\dfrac{1}{2}$ で 1 より小さいので,x が増加するに従って関数の値は単調減少する.したがって,$f(-1)>f(2)$ である.

ちなみに,$f(-1)=\left(\dfrac{1}{2}\right)^{-1}=2$,$f(2)=\left(\dfrac{1}{2}\right)^{2}=\dfrac{1}{4}$ である.

3.　対数

a を 1 でない正の定数とするとき,任意の正の数 N に対して $a^x=N$ となる実数 x がただ 1 つ定まる.そのときこの x を a を**底**とする N の**対数**といい,式(2.3)のように表す.ここで N を対数 x の**真数**という.真数は常に正である.

$$x=\log_a N \quad (a>0,\ a\ne 1,\ N>0) \tag{2.3}$$

対数には次のような性質がある.

① $a^x=N \Leftrightarrow x=\log_a N$

② $a^0=1$,$a^1=a$ であるから,$\log_a 1=0$,$\log_a a=1$

$a>0$,$a\ne 1$,M ,$N>0$ であるとき

③ $\log_a MN=\log_a M+\log_a N$

④ $\log_a \dfrac{M}{N}=\log_a M-\log_a N$

⑤ $\log_a m^p=p\log_a m$

⑥ $b>0$,$b\ne 1$ ならば
$$\log_a M=\dfrac{\log_b M}{\log_b a},\quad \log_b a=\dfrac{1}{\log_a b} \quad (\text{底の変換})$$

⑦ $a^{\log_a M}=M$

【例題 2.11】 次の等式を $x=\log_a N$ の形で表しなさい.

① $2^4=16$　　② $3^{-2}=\dfrac{1}{9}$

解　答　①　$4 = \log_2 16$　　②　$-2 = \log_3 \frac{1}{9}$

【例題 2.12】 次の等式を $a^x = N$ の形で表しなさい．
①　$\frac{1}{2} = \log_5 \sqrt{5}$　　②　$-2 = \log_{10} 0.01$　　③　$-2 = \log_{\frac{1}{3}} 9$

解　答　①　$5^{\frac{1}{2}} = \sqrt{5}$　　②　$10^{-2} = 0.01$　　③　$\left(\frac{1}{3}\right)^{-2} = 9$

・**常用対数**　10 を底とする対数 $\log_{10} N$ を N の**常用対数**という．常用対数は底を省略して $\log N$ と書くことが多い．代表的な常用対数の値（図 2.7）は記憶しておくと便利である．

日常用いる 10 進法では，正の数 N は
$$N = a \times 10^n \quad (1 \leq a \leq 10, \; n \text{ は整数})$$
と表すことができるので

$\log 2 = 0.3010$ （0.3 に近い）
$\log 3 = 0.4771$ （0.5 に近い）
$\log 5 = 0.6990$ （0.7 に近い）
$\log 7 = 0.8451$ （0.85 に近い）

図 2.7　常用対数の覚え方

$$\log N = \log a + n \log 10 = n + \log a$$
となり，$1 \leq a \leq 10$ の範囲の $\log a$ の値がわかっていれば，すべての正の数 N の対数を求めることができる．その整数部分を**指標**，小数部分を**仮数**とよぶ．

【例題 2.13】 次の数の対数を求めなさい．
①　200　　②　0.003

解　答　①　$\log 200 = \log 2 \cdot 10^2 = \log 2 + 2 = 2.3010$
　　　　②　$\log 0.003 = \log 3 \cdot 10^{-3} = \log 3 - 3 = -2.5229$

・**自然対数**　e を底とする対数 $\log_e N$ を N の**自然対数**といい，普通 e を省略して $\ln N$ と書く．e は無理数で，$e = 2.71828\cdots$ という数である．また，電気工学では，電圧の e と区別するために自然対数の底 e を ε で表す．

4. 対数関数とそのグラフ

a を正の数 $(a\neq 1)$ とするとき，任意の正の数 x に対して，その対数 y を

$$y=\log_a x \quad (x>0 , \ a>0 , \ a\neq 1) \tag{2.4}$$

と表した関数を，a を底とする**対数関数**という．

対数関数は次のような性質がある．

① 対数関数は指数関数の逆関数である．
② 指数関数のグラフと $y=x$ に関して対称である．
③ 対数関数の定義域は $x>0$ の範囲であり，値域は実数全体である．
④ $\log_a 1=0$，$\log_a a=1$ であるから，$y=\log_a x$ のグラフは，点 $(1, 0)$ および $(a, 1)$ を通る．
⑤ $a>1$ のとき，x が増加するに従って $\log_a x$ は単調増加し，$0<a<1$ のとき，$\log_a x$ は単調減少し，いずれも y 軸を漸近線とする．$y=\log_a x$ のグラフを図 2.8 に示す．

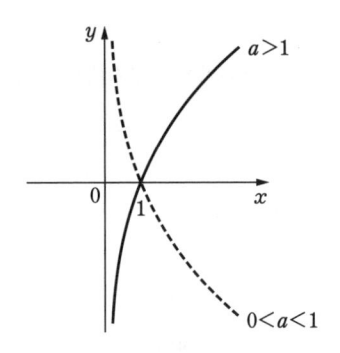

図 2.8　対数関数 $y=\log_a x$ のグラフ

【例題 2.14】 次の対数関数のグラフを描きなさい．
① $y=\log_2 x$ 　② $y=\log_{\frac{1}{2}} x$ 　③ $y=\log_2(-x)$

解答

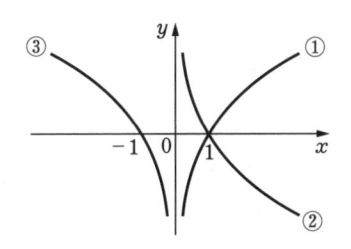

5. 指数・対数方程式と不等式

● 指数方程式の解き方

1 $a^x=a^m$ と変形できれば，$x=m$ として解く．

2 $a^x=b$ なら，両辺の対数をとって，$x=\log_a b$ として解く．

3 $a^x=X$ と置き換えて X の方程式に導く（この場合 $X>0$ に注意せよ）．

【例題 2.15】 次の指数方程式を解きなさい．

① $8^x=\dfrac{1}{4}$ ② $9^x-3^x-2=0$

解答 ① $2^{3x}=2^{-2}$ ∴ $3x=-2$, $x=-\dfrac{2}{3}$

② $(3^x)^2-3^x-2=0$

$(3^x+1)(3^x-2)=0$

$3^x+1>0$ であるから $3^x-2=0$, $3^x=2$

∴ $x=\log_3 2$

● 指数不等式の解き方

1 $a>1$ のときは，$a^x>a^m$ ならば，$x>m$ である．

2 $0<a<1$ のときは，$a^x>a^m$ ならば，$x<m$ である．

指数方程式の解き方に準ずるが，底によって不等号の向きが変わることに注意する．

【例題 2.16】 次の指数不等式を解きなさい．

① $\left(\dfrac{1}{2}\right)^x > \dfrac{1}{4}$　　② $4^x + 2^x - 2 > 0$

解 答　① $\left(\dfrac{1}{2}\right)^x > \left(\dfrac{1}{2}\right)^2$　底が1より小さいので　$x < 2$

② $(2^x)^2 + 2^x - 2 > 0$

$(2^x - 1)(2^x + 2) > 0$，$2^x + 2 > 0$ であるから

$2^x - 1 > 0$　∴　$2^x > 1$　すなわち　$2^x > 2^0$，よって $x > 0$

● 対数方程式の解き方

[1] $\log_a x = \log_a b$ と変形できれば，$x = b$ として解く．

[2] $\log_a x = b$ なら，指数関数に直し，$x = a^b$ として解く．

[3] $\log_a x = X$ と置き換えて X の方程式に導く（この場合 $x > 0$ に注意せよ）．

[4] 底に x を含む場合は，(底) > 0，(底) $\neq 1$ の条件に注意せよ．

【例題 2.17】 次の対数方程式を解きなさい．

① $\log_2 x + \log_2(x-2) = 3$　　② $\log_2 x + \log_x 4 = 3$

解 答　① $\log_2 x(x-2) = 3$

$x(x-2) = 2^3$

$x^2 - 2x - 8 = 0$

$(x+2)(x-4) = 0$

∴　$x = -2$，4

$x > 0$（真数条件）より

$x = 4$

② $\log_2 x + \log_x 4 = 3$　（$x > 0$，$x \neq 1$）

$\log_2 x + \dfrac{\log_2 4}{\log_2 x} = 3$（底の変換）

両辺に $\log_2 x$ をかけて整理すると

$(\log_2 x)^2 - 3\log_2 x + 2 = 0$

$(\log_2 x - 1)(\log_2 x - 2) = 0$

$\log_2 x = 1$，2

$x = 2^1 = 2$，$x = 2^2 = 4$

∴　$x = 2$，4

● 対数不等式の解き方

$\boxed{1}$ 真数条件を明らかにする．

① $a>1$ のときは，$\log_a x > \log_a b$ ならば，$x>b>0$

② $0<a<1$ のときは，$\log_a x > \log_a b$ ならば，$0<x<b$

対数方程式の解き方に準ずるが，底によって不等号の向きが変わることに注意する．

【例題 2.18】 対数不等式 $\log_{\frac{1}{2}}(x-1) \geqq -2$ を解きなさい．

解 答 真数条件 $x-1>0$ $\therefore$ $x>1$ ‥‥‥ ①

$\log_{\frac{1}{2}}(x-1) \geqq -2 \log_{\frac{1}{2}} \frac{1}{2}$

$\log_{\frac{1}{2}}(x-1) \geqq \log_{\frac{1}{2}} \left(\frac{1}{2}\right)^{-2}$ 底が1より小さいので

$x-1 \leqq 4$ $\therefore$ $x \leqq 5$ ‥‥‥ ②

①，②より $1 < x \leqq 5$

演習問題2.3

1. 次の式を簡単にしなさい．

① $\dfrac{\sqrt[3]{2} \cdot \sqrt{3}}{\sqrt[6]{6} \cdot \sqrt[3]{1.5}}$

② $\log_{10} \dfrac{28}{15} + 3\log_{10} \dfrac{6}{7} - 2\log_{10} \dfrac{3}{14}$

③ $\log_{\sqrt{2}} 16$

④ $\dfrac{3}{2}\log_3 2 + \dfrac{1}{2}\log_3 \dfrac{1}{6} - \log_3 \dfrac{2\sqrt{3}}{3}$

⑤ $\log_2 5 \cdot \log_3 4 \cdot \log_5 3$

2. 次の方程式を解きなさい．

① $2^{2x} - 2^{x+1} - 8 = 0$

② $\left(\dfrac{1}{3}\right)^x < \dfrac{1}{27}$

③ $\dfrac{1}{2}\log_2(2x+6) - \log_2 \sqrt{2x-3} = 1$

章末問題 2

1. $y=\dfrac{x-2}{x+2}$ の定義域が $x>0$ のとき，この関数の値域を求めなさい．

2. $y=\dfrac{x+3}{x-1}$ $(-1\leqq x<1)$ の逆関数を求め，その関数の定義域，値域を答えなさい．

3. 次の式を簡単にしなさい．
   ① $(a+b)(a^{\frac{2}{3}}-a^{\frac{1}{3}}b^{\frac{1}{3}}+b^{\frac{2}{3}})^{-1}$　　② $2^{\frac{3}{2}\log_8 9}$
   ③ $\dfrac{\log_{10}\sqrt{2}+\log_{10}3-\log_{10}\sqrt{10}}{2\log_{10}3-\log_{10}5}$

4. 次の方程式，不等式を解きなさい．
   ① $a^{2x}-3a^x-10<0$
   ② $2^{2x}-4\leqq 2(2^{x+2}-8)$
   ③ $(\log_3 x)^2-\log_3 x^4+3=0$
   ④ $\log_2 x \cdot \log_2 4x-3\log_2 x-6=0$
   ⑤ $\log_2 x+\log_2 (x-1)\leqq 1$
   ⑥ $\log_2(x-1)\geqq 1+2\log_2 (x-2)$

5. $1<x<a$ のとき，$\log_a x$ と 1 はどちらが大きいか求めなさい．

6. 3^{20} は何桁の整数か．$\log_{10}3=0.4771$ として計算しなさい．

コラム
対数方眼紙

xy 平面の x 軸，y 軸を対数で目盛った特殊な方眼紙を**両対数方眼紙**，x 軸または y 軸だけを対数で目盛ったものを**半対数方眼紙**といい，指数関係・対数関係にある実験式などによく用いられる．

補足問題

1. 両対数のグラフ用紙に，次の関数のグラフを描きなさい．
   ① $y=x$　　② $y=x^2$　　③ $y=x^2$　　④ $y=\sqrt{x}$

2. 半対数のグラフ用紙に y 軸を対数にとって $y=2^x$ のグラフを描きなさい．

第3章 2次関数

　関数の中でも最も基礎的な関数として 2 次関数を取り上げ，関数とグラフ，関数の最大値と最小値について学ぶとともに，2 次方程式や 2 次不等式の解法を会得する．

　2 次方程式・不等式を解くことを通して，電気・電子数学の基礎となる方程式や不等式の扱いに習熟していただきたい．

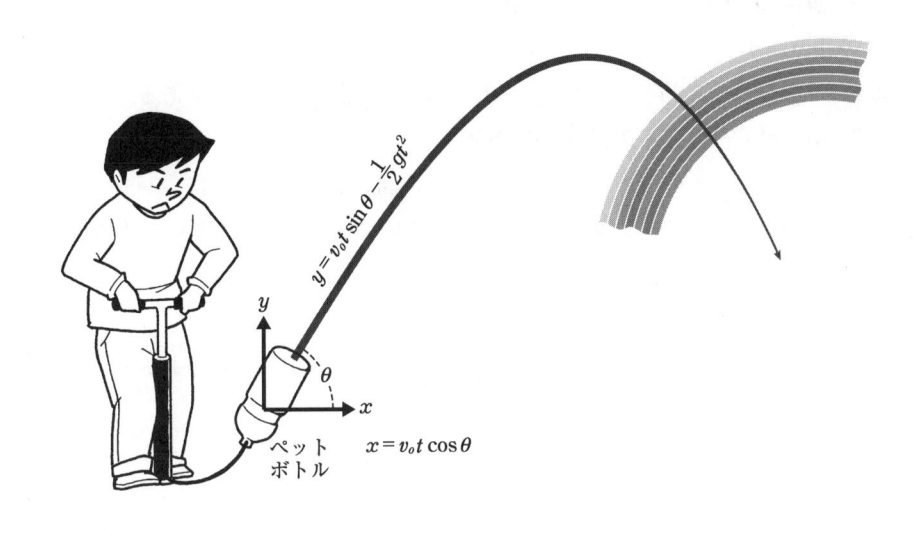

$y = v_0 t \sin\theta - \frac{1}{2}gt^2$

$x = v_0 t \cos\theta$

ペットボトル

⟨Keywords⟩　解の公式，実数解，虚数解，重解，判別式，解と係数の関係

3-1 2次関数

1. 2次関数とそのグラフ

式(3.1)のように，y が変数 x の2次式で表されるとき，y を x の**2次関数**という．

$$y = ax^2 + bx + c \quad (a,\ b,\ c \text{ は定数},\ a \neq 0) \tag{3.1}$$

（1） **$y = ax^2\ (a \neq 0)$ のグラフの特徴**

① 原点 (0, 0) を頂点とし，y 軸を対称軸とする放物線である．
② $a > 0$ ならば下に凸（上に開），$a < 0$ ならば上に凸（下に開）である．

（2） **$y = a(x - p)^2 + q$ のグラフの特徴**

これは $y - q = a(x - p)^2$ と変形できるので，図3.1に示すように，

① $y = ax^2$ のグラフを，x 軸方向に p，y 軸方向に q だけ平行移動した放物線である．
② 頂点の座標は (p, q)，軸の方程式は $x = p$ である．
③ $a > 0$ ならば下に凸（上に開），$a < 0$ ならば上に凸（下に開）である．

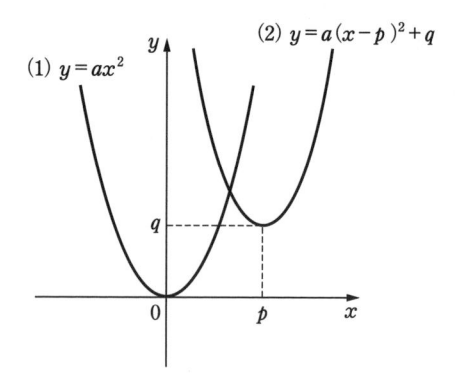

図3.1 2次関数のグラフ

(3) $y=ax^2+bx+c$ ($a\neq 0$) のグラフの特徴

2次関数の一般形 $y=ax^2+bx+c$ は

$$y=a\left\{x^2+\frac{b}{a}x+\left(\frac{b}{2a}\right)^2-\left(\frac{b}{2a}\right)^2\right\}+c \cdots\cdots \text{x の係数を2で割って2乗した数を加えて引く}$$

$$=a\left(x+\frac{b}{2a}\right)^2-\frac{b^2-4ac}{4a^2} \qquad \cdots\cdots\text{\{ \}内の前3項を因数分解した}$$

と変形できるので,この2次関数のグラフは,

① $y=ax^2$ のグラフを,x 軸方向に $-\dfrac{b}{2a}$,y 軸方向に $-\dfrac{b^2-4ac}{4a}$ だけ平行移動した放物線である.

② 頂点の座標は $\left(-\dfrac{b}{2a},\ -\dfrac{b^2-4ac}{4a}\right)$,軸の方程式は $x=-\dfrac{b}{2a}$ である.

③ $a>0$ ならば下に凸(上に開),$a<0$ ならば上に凸(下に開)である.

【例題3.1】 $y=(x-3)^2-4$ のグラフを描き,頂点の座標と軸の方程式を答えなさい.

解答 $y=(x-3)^2-4$ のグラフは,$y=x^2$ のグラフを x 軸方向に3,y 軸方向に -4 だけ平行移動したものであるから,頂点の座標は $(3,\ -4)$,軸の方程式は $x=3$ である.そのグラフを図3.2に示す.

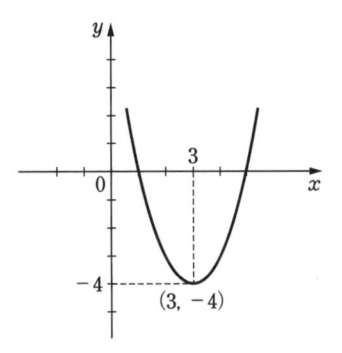

図3.2 例題3.1

2. 2次関数の最大値・最小値

(1) 定義域に制限がない場合

一般に $y=ax^2+bx+c$ ($a\neq 0$) で与えられる2次関数は,$y=a(x-p)^2+q$ と変形できるので定義域に制限がなければ,

① $a>0$ ならば $x=p$ のとき最小値 q をとり,最大値は存在しない.

② $a<0$ ならば $x=p$ のとき最大値 q をとり，最小値は存在しない．

(2) **定義域に制限がある場合**

$y=a(x-p)^2+q$ の区間 $\alpha \leq x \leq \beta$ における最大値と最小値は，頂点の x 座標 p（対称軸 $x=p$ の位置）によって，図 3.3 に示すように場合に分けて考える．

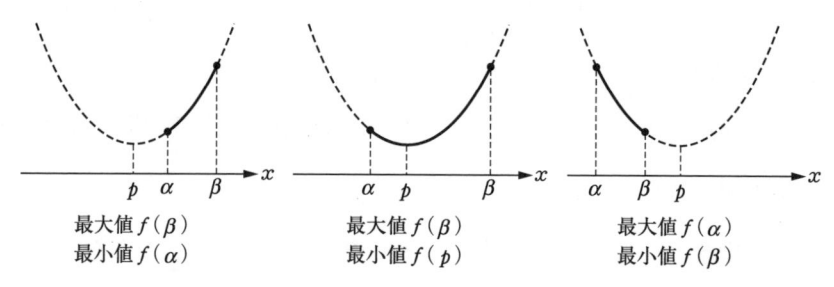

最大値 $f(\beta)$
最小値 $f(\alpha)$

最大値 $f(\beta)$
最小値 $f(p)$

最大値 $f(\alpha)$
最小値 $f(\beta)$

図 3.3　定義域に制限がある場合の最大値・最小値

【例題 3.2】　$f(x)=-2x^2+4x+5$　$(0 \leq x \leq 3)$ の最大値と最小値を求めなさい．

解答　$f(x)=-2(x-1)^2+7$，上に凸で，頂点の座標は $(1, 7)$，定義域の両端の値は，$f(0)=5$，$f(3)=-1$ であるから，

　　$x=1$ のとき最大値 7
　　$x=3$ のとき最小値 -1

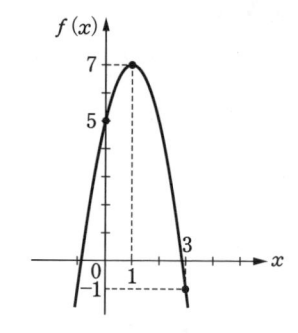

【例題 3.3】　$y=-2x^2+2ax-a$ の最大値が 2 であるとき，定数 a の値を求めなさい．

解答
$$y = -2x^2 + 2ax - a = -2\left\{x^2 - ax + \left(\frac{a}{2}\right)^2 - \left(\frac{a}{2}\right)^2\right\} - a$$
$$= -2\left\{\left(x - \frac{a}{2}\right)^2 - \left(\frac{a}{2}\right)^2\right\} - a = -2\left(x - \frac{a}{2}\right)^2 + \frac{a^2}{2} - a$$

グラフは上に凸であるから，頂点が最大値となる．

$a = \dfrac{a}{2}$ のとき，最大値 $\dfrac{a^2}{2} - a$ が 2 であるから，

$\dfrac{a^2}{2} - a = 2$ すなわち $a^2 - 2a - 4 = 0$，これを解いて $a = 1 \pm \sqrt{5}$

演習問題 3.1

1. $y = 2x^2 + 4x - 1$ のグラフは，$y = 2x^2$ のグラフをどのように移動したものかを答えなさい．

2. $y = ax^2 - 6ax + b$ $(2 \leq x \leq 5)$ の最大値が 6，最小値が -2 であるように，定数 a，b の値を定めなさい．ただし $a > 0$ である．

3-2　2次方程式

1.　2次方程式の解き方

x の 2 次式で表された**2次方程式** $ax^2 + bx + c = 0$ $(a \neq 0)$ の解は，2次関数 $y = ax^2 + bx + c$ と $y = 0$ すなわち x 軸との交点の x 座標を表す．

2次方程式を解くには，因数分解による方法と**解の公式**による方法とがある．解の公式は次式により表される．

$$x = \frac{-b \pm \sqrt{b^2 - 4ac}}{2a} \qquad (3.2)$$

【例題 3.4】　次の 2 次方程式を因数分解による方法で解きなさい．
① $6x^2 - x - 12 = 0$　　② $16x^2 - 24x + 9 = 0$

解答 ① $6x^2-x-12=(2x-3)(3x+4)=0$　　∴ $x=\dfrac{3}{2},\ -\dfrac{4}{3}$

② $16x^2-24x+9=(4x-3)^2=0$　　∴ $x=\dfrac{3}{4}$

【例題 3.5】　次の2次方程式を解の公式による方法で解きなさい．
① $3x^2+9x+2=0$　　② $2x^2-4x+3=0$

解答 ① $x=\dfrac{-9\pm\sqrt{9^2-4\cdot3\cdot2}}{2\cdot3}=\dfrac{-9\pm\sqrt{57}}{6}$

② $x=\dfrac{-(-4)\pm\sqrt{(-4)^2-4\cdot2\cdot3}}{2\cdot2}=\dfrac{4\pm2\sqrt{-2}}{4}=\dfrac{2\pm\sqrt{2}j}{2}$

方程式の解が例題3.4①のように，実数であるときを**実数解**といい，例題3.4②のように，2つの解が一致したときを**重解**という．また例題3.5②のように，解が虚数（第7章参照）であるときを**虚数解**という．

2．2次方程式の解の判別

解の公式において，根号の部分を式(3.3)のようにDとおけば，2次方程式の解について次のことがいえる（図3.4参照）．

$$D=b^2-4ac \tag{3.3}$$

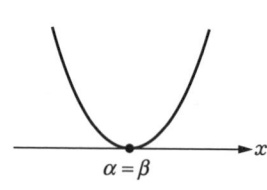

① $D>0$ のとき　　② $D=0$ のとき　　③ $D<0$ のとき

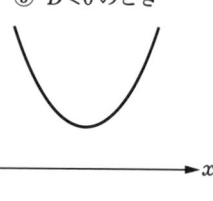

図3.4　解の判別

① $D>0$ のとき，グラフは x 軸と2点で交わり，異なる2つの実数解を持つ．
② $D=0$ のとき，グラフは x 軸と1点で接し，1つの重解を持つ．
③ $D<0$ のとき，グラフは x 軸と交わらず，2つの虚数解を持つ．

D の符号によって解の数と種類が判るので，式(3.3)を**判別式**とよぶ．

【例題 3.6】 次の2次方程式の解を判別しなさい．
① $x^2-3x+1=0$ ② $3x^2+4x+3=0$
③ $4x^2+4x+1=0$

解答 ① $D=(-3)^2-4\cdot1\cdot1=5>0$ x 軸と2点で交わり，異なる2つの実数解を持つ．
② $D=4^2-4\cdot3\cdot3=-20<0$ x 軸と交わらず，2つの虚数解を持つ．
③ $D=4^2-4\cdot4\cdot1=0$ x 軸と1点で接し，1つの重解を持つ．

【例題 3.7】 $y=x^2+6x+2k-1$ が実数解を持つように k の値を定めなさい．

解答 与式が実数解を持つ条件は，$D\geq0$
$$D=6^2-4(2k-1)=36-8k+4=40-8k\geq0 \quad \therefore \quad k\leq5$$

3. 解と係数の関係

2次方程式 $ax^2+bx+c=0$ $(a\neq0)$ の2つの解を α, β とすると，

$x^2+\dfrac{b}{a}x+\dfrac{c}{a}=(x-\alpha)(x-\beta)=x^2-(\alpha+\beta)x+\alpha\beta$ より，

$D\geq0$ のとき，解と係数の間には，次の式(3.4)のような関係が成り立つ．

$$\alpha+\beta=-\dfrac{b}{a} \qquad \alpha\beta=\dfrac{c}{a} \tag{3.4}$$

また　2解とも正なら　$α+β>0$ ，$αβ>0$
　　　2解とも負なら　$α+β<0$ ，$αβ>0$
　　　正負の2解なら　　　　　　　$αβ<0$
の関係が成り立つ．この関係は重解や虚数解の場合にも成り立つ．

【例題3.8】　2次方程式 $2x^2-4x+5=0$ の2解を $α$，$β$ とするとき，次の値を求めなさい．

① $(α-β)^2$　　② $\dfrac{1}{α+1}+\dfrac{1}{β+1}$

解答　解と係数の関係から $α+β=-\dfrac{-4}{2}=2$ ，$αβ=\dfrac{5}{2}$

① $(α-β)^2=(α+β)^2-4αβ=-6$

② $\dfrac{1}{α+1}+\dfrac{1}{β+1}=\dfrac{(β+1)+(α+1)}{(α+1)(β+1)}=\dfrac{(α+β)+2}{αβ+(α+β)}=\dfrac{8}{11}$

演習問題3.2

1. $y=x^2+2(2-k)x+k$ が重解を持つように k の値を定めなさい．
2. $x^2-2x+3=0$ の解を $α$，$β$ とするとき，次の値を求めなさい．

   ① $(α-1)(β-1)$　　② $α^2-αβ+β^2$　　③ $\dfrac{β^2}{α}+\dfrac{α^2}{β}$

3. 2つの数 -2 と 3 を解とする2次方程式を作りなさい．
4. $x^2-(m-1)x+m=0$ の2つの解の差が1になるように m の値を定めなさい．

3-3　2次不等式

1．2次不等式の解とそのグラフ

2次方程式の等号を不等号に置き換えた式を，**2次不等式**という．

　（例　$ax^2+bx+c≧0$ ，$ax^2+bx+c<0$ ，$a≠0$）

2次関数のグラフを用いて2次不等式を解くことができる．

2次関数のグラフは a の正負によって上に凸か下に凸かが変わるので，$a<0$（上に凸）のときは，不等式の両辺に -1 をかけて（不等号の向きを変えて）$a>0$ としてから解くとよい．

$a>0$ のとき2次不等式の解の範囲は次のようになる．

（1） **グラフが x 軸と異なる2点 $α$，$β$（$α<β$）で交わる場合**

$ax^2+bx+c>0$ の解は $x<α$ ，$x>β$

$ax^2+bx+c<0$ の解は $α<x<β$

$ax^2+bx+c≧0$ の解は $x≦α$ ，$x≧β$

$ax^2+bx+c≦0$ の解は $α≦x≦β$

（2） **グラフが x 軸と1点 $α$ で接する場合**

$ax^2+bx+c>0$ の解は $α$ 以外のすべての数

$ax^2+bx+c<0$ の解はない

$ax^2+bx+c≧0$ の解はすべての数

$ax^2+bx+c≦0$ の解は $x=α$

（3） **グラフが x 軸と共有点を持たない場合**

$ax^2+bx+c>0$ の解はすべての数

$ax^2+bx+c<0$ の解はない

$ax^2+bx+c≧0$ の解はすべての数

$ax^2+bx+c≦0$ の解はない

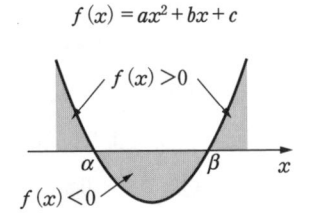

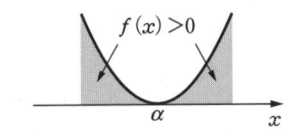

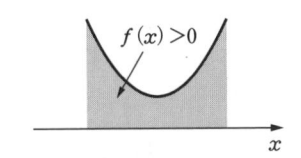

図3.5 2次不等式の解の範囲

2．2次不等式の解き方

● 2次不等式の解法手順

1. すべての項を左辺に集め，左辺$=0$ とおいて因数分解し，x 軸との交点の x の値を求める．
2. 与式のグラフを書いて，不等式を満足する x の範囲を求める．

第3章 2次関数

【例題 3.9】 次の不等式を解きなさい．
① $x^2+3x-10\leq 0$　② $x^2-2x-1<0$
③ $3x^2-6x+5>0$

解 答 ① $x^2+3x-10=(x+5)(x-2)=0$ とおくと，$x=-5,\ 2$
グラフより，解は $-5\leq x\leq 2$
② $x^2-2x-1=0$ とおくと，
解の公式より，$x=1\pm\sqrt{2}$
グラフより，解は $1-\sqrt{2}<x<1+\sqrt{2}$
③ $3x^2-6x+5=0$
$D=-24>0$ であるから，x 軸との共有点（交点）はない．よって（グラフより）解はすべての数．

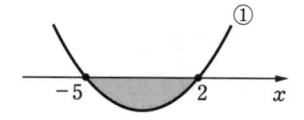

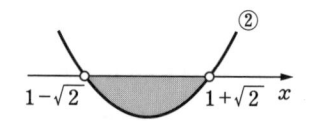

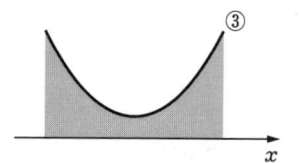

演習問題 3.3

1. 次の不等式を解きなさい．
① $(x-1)^2>4$
② $2x^2-3x+2<0$
③ $x^2<16$
④ $x^2-14x+49\leq 0$
⑤ $x^2-2x+2>0$
⑥ $x^2+6x+9>0$

2. $ax^2+bx-6<0$ の解が $-3<x<2$ であるとき，定数 $a,\ b$ の値を求めなさい．

章末問題3

1. 次のような条件を満たす2次関数を求めなさい．
   ① $y=2x^2$ を平行移動したもので，2点 $(0, 3)$, $(1, 4)$ を通る．
   ② 3点 $(1, 0)$, $(4, 0)$, $(0, -4)$ を通る．
2. $y=ax^2+2x+4+2a$ の最大値が3であるとき，定数 a の値を求めなさい．
3. x^2-2x-1 を解の公式を用いて因数分解しなさい．
4. a を定数とするとき，$ax^2-(a+1)x+1=0$ を解きなさい．
5. $ax^2+(a-1)x+a-1<0$ がすべての x に対して成り立つように，a のとりうる範囲を求めなさい．
6. $x^2-(a+2)x+2a<0$ を a の値に注意して解きなさい．

第4章　行列と連立方程式

2個以上の変数を含む複数の方程式を連立方程式とよぶ．電気の分野では，キルヒホッフの法則によって導いた回路の連立方程式を解く力などが必要となる．

連立方程式は，行列として表現することができ，逆行列やクラメールの公式を用いた解法などが知られている．この章では，行列の基礎と連立方程式の解法について学ぶ．

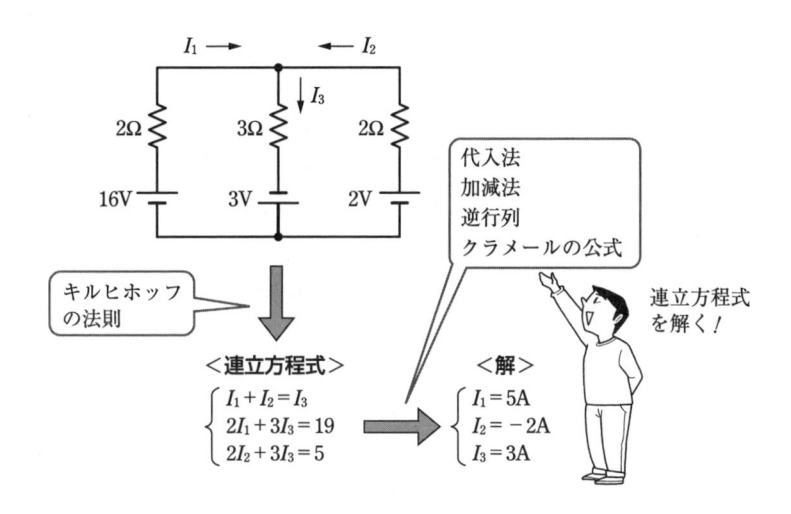

回路図：2Ω, 3Ω, 2Ω の抵抗と $16V$, $3V$, $2V$ の電源，電流 I_1, I_2, I_3

キルヒホッフの法則

代入法
加減法
逆行列
クラメールの公式

〈連立方程式〉
$\begin{cases} I_1 + I_2 = I_3 \\ 2I_1 + 3I_3 = 19 \\ 2I_2 + 3I_3 = 5 \end{cases}$

〈解〉
$\begin{cases} I_1 = 5A \\ I_2 = -2A \\ I_3 = 3A \end{cases}$

連立方程式を解く！

〈Keywords〉　行列，マトリクス，単位行列，ゼロ行列，転置行列，行列式，余因子，逆行列，連立方程式，m 元 n 次連立方程式，代入法，加減法，クラメールの公式，キルヒホッフの法則

4-1 行列

1. 行列の表記と演算

図 4.1 に示すように，いくつかの数値を並べてカッコ [ ] で囲ったものを**行列**（または，マトリクス：matrix）という．また，行列内の数値を**要素**（または，成分）といい，要素の横方向の並びを**行**，縦方向の並びを**列**という．図 4.1 の例では，この行列を 2 行 3 列の行列（または，2×3 の行列）とよぶ．

また，図 4.2(a) のように行と列の数が等しい行列を**正方行列**，(b) のように対角の要素が 1 であり，それ以外の要素がすべて 0 の行列を**単位行列**といい [E] と表す．さらに，要素のすべてが 0 である行列を，**ゼロ行列**という．

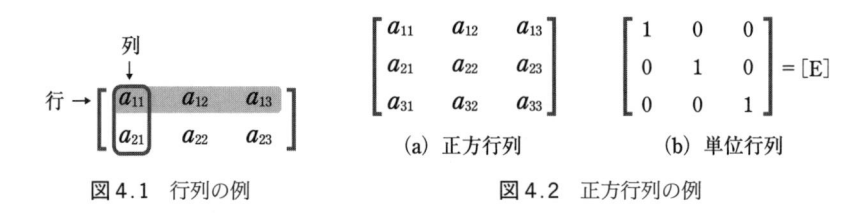

図 4.1　行列の例

図 4.2　正方行列の例

要素を記号 A や B で代表させて，行列を [A]，[B] のように表したとき，次のような表記を用いる．

① [A]＝[B]

2 つの行列 [A] と [B] の対応する要素同士がすべて等しい．

② [A]±[B]＝[C]

行列 [C] の要素は，2 つの行列 [A] と [B] の対応する要素同士を加算（または，減算）した値と等しい．

③ [A]＝k[B]

行列 [A] の要素は，行列 [B] の対応する要素をすべて k 倍した値と等しい．

④ [A]$^{-1}$＝[B]

行列 [B] は，行列 [A] の逆行列を表す．逆行列については，後で説明する．

⑤ $[A]^T=[B]$

行列 $[B]$ は，行列 $[A]$ の**転置行列**を表す．転置行列とは，図 4.3 に示すように，行と列を入れ替えた行列である．

$$[A]=\begin{bmatrix} 5 & 6 & 4 \\ 9 & 7 & 10 \\ 1 & 13 & 2 \end{bmatrix} \xRightarrow{B_{ji}=A_{ij}} [A]^T=[B]=\begin{bmatrix} 5 & 9 & 1 \\ 6 & 7 & 13 \\ 4 & 10 & 2 \end{bmatrix}$$

図 4.3　転置行列の例

行列の演算においては，次のような性質がある．

・加減算（例：$[A]\pm[B]=[C]$）

行列 $[A]$，$[B]$ の行と列の数がどちらも等しい場合のみ，式(4.1)のように計算を行うことが可能である．

$$\begin{bmatrix} a_{11} & a_{12} \\ a_{21} & a_{22} \end{bmatrix} \pm \begin{bmatrix} b_{11} & b_{12} \\ b_{21} & b_{22} \end{bmatrix} = \begin{bmatrix} a_{11}\pm b_{11} & a_{12}\pm b_{12} \\ a_{21}\pm b_{21} & a_{22}\pm b_{22} \end{bmatrix} \quad \text{(複号同順)} \quad (4.1)$$

（例）$\begin{bmatrix} 4 & 2 \\ 11 & 9 \end{bmatrix}+\begin{bmatrix} 6 & -1 \\ 5 & 3 \end{bmatrix}=\begin{bmatrix} 10 & 1 \\ 16 & 12 \end{bmatrix}$

・乗算（例：$[A]\times[B]=[C]$）

行列 $[A]$ の列と行列 $[B]$ の行の数が等しい場合のみ，式(4.2)のように計算を行うことが可能である．ただし，$[A]\times[B]=[B]\times[A]$ となるとは限らない．

$$\begin{bmatrix} a_{11} & a_{12} \\ a_{21} & a_{22} \end{bmatrix} \times \begin{bmatrix} b_{11} \\ b_{21} \end{bmatrix} = \begin{bmatrix} a_{11}b_{11}+a_{12}b_{21} \\ a_{21}b_{11}+a_{22}b_{21} \end{bmatrix} \quad (4.2)$$

（例）$\begin{bmatrix} 9 & 2 \\ 1 & 4 \end{bmatrix} \times \begin{bmatrix} 2 \\ 3 \end{bmatrix} = \begin{bmatrix} 24 \\ 14 \end{bmatrix}$

第4章 行列と連立方程式

【例題 4.1】 次の行列の演算をしなさい．

① $3\begin{bmatrix} 1 & -2 \\ 5 & 4 \end{bmatrix}$
② $\begin{bmatrix} 2 & 4 & 6 \\ 1 & 3 & 9 \end{bmatrix} + \begin{bmatrix} -6 & 2 & -1 \\ 3 & 8 & 4 \end{bmatrix}$

③ $\begin{bmatrix} -2 & 6 & 9 \\ 3 & -3 & 7 \\ 8 & 4 & 2 \end{bmatrix} - [E]$
④ $\begin{bmatrix} 5 & 9 \\ -2 & 6 \end{bmatrix} \times \begin{bmatrix} 4 \\ -5 \end{bmatrix}$

⑤ $\begin{bmatrix} -2 & 6 & 9 \\ 3 & -3 & 7 \\ 8 & 4 & 2 \end{bmatrix} \times \begin{bmatrix} 4 & 1 \\ 6 & 3 \\ 2 & 2 \end{bmatrix}$
⑥ $\begin{bmatrix} -2 & 6 & 9 \\ 3 & -3 & 7 \\ 8 & 4 & 2 \end{bmatrix}^T$

解答

① $\begin{bmatrix} 1\times 3 & -2\times 3 \\ 5\times 3 & 4\times 3 \end{bmatrix} = \begin{bmatrix} 3 & -6 \\ 15 & 12 \end{bmatrix}$

② $\begin{bmatrix} 2-6 & 4+2 & 6-1 \\ 1+3 & 3+8 & 9+4 \end{bmatrix} = \begin{bmatrix} -4 & 6 & 5 \\ 4 & 11 & 13 \end{bmatrix}$

③ $\begin{bmatrix} -2 & 6 & 9 \\ 3 & -3 & 7 \\ 8 & 4 & 2 \end{bmatrix} - \begin{bmatrix} 1 & 0 & 0 \\ 0 & 1 & 0 \\ 0 & 0 & 1 \end{bmatrix} = \begin{bmatrix} -2-1 & 6-0 & 9-0 \\ 3-0 & -3-1 & 7-0 \\ 8-0 & 4-0 & 2-1 \end{bmatrix}$

$= \begin{bmatrix} -3 & 6 & 9 \\ 3 & -4 & 7 \\ 8 & 4 & 1 \end{bmatrix}$

④ $\begin{bmatrix} 5\times 4+9\times(-5) \\ -2\times 4+6\times(-5) \end{bmatrix} = \begin{bmatrix} 20-45 \\ -8-30 \end{bmatrix} = \begin{bmatrix} -25 \\ -38 \end{bmatrix}$

⑤ $\begin{bmatrix} -2\times 4+6\times 6+9\times 2 & -2\times 1+6\times 3+9\times 2 \\ 3\times 4+(-3)\times 6+7\times 2 & 3\times 1+(-3)\times 3+7\times 2 \\ 8\times 4+4\times 6+2\times 2 & 8\times 1+4\times 3+2\times 2 \end{bmatrix} = \begin{bmatrix} 46 & 34 \\ 8 & 8 \\ 60 & 24 \end{bmatrix}$

⑥ $\begin{bmatrix} -2 & 3 & 8 \\ 6 & -3 & 4 \\ 9 & 7 & 2 \end{bmatrix}$

2. 行列式

正方行列においては，式(4.3)，式(4.4)に示すように，行列$[A]$の行列式$|A|$を考えることができる．行列$[A]$は式を表すが，行列式$|A|$は値をもつことに注意されたい．

$$|A|=\begin{vmatrix} a_{11} & a_{12} \\ a_{21} & a_{22} \end{vmatrix}=a_{11}a_{22}-a_{12}a_{21} \qquad (4.3)$$

$$|A|=\begin{vmatrix} a_{11} & a_{12} & a_{13} \\ a_{21} & a_{22} & a_{23} \\ a_{31} & a_{32} & a_{33} \end{vmatrix}=a_{11}a_{22}a_{33}+a_{12}a_{23}a_{31}+a_{13}a_{21}a_{32}$$
$$-a_{13}a_{22}a_{31}-a_{12}a_{21}a_{33}-a_{11}a_{23}a_{32} \qquad (4.4)$$

すなわち，図4.4に示すように，行列の要素を右下がりに乗じた値を+，左下がりに乗じた値を−として計算を行えばよい．

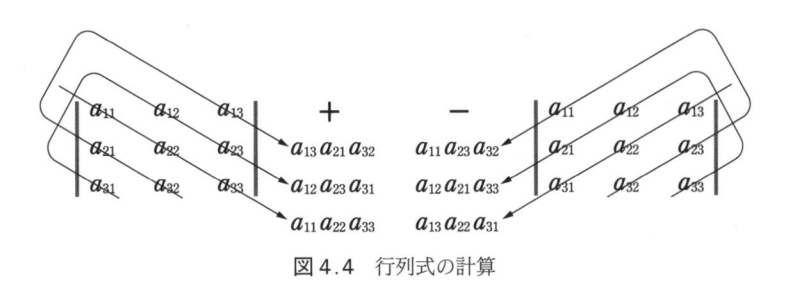

図 4.4　行列式の計算

【例題 4.2】 次の行列の行列式の値を求めなさい．

① $\begin{bmatrix} 4 & -1 \\ 6 & 2 \end{bmatrix}$ ② $\begin{bmatrix} 1 & 6 & 2 \\ -2 & 4 & 8 \\ 7 & -3 & 5 \end{bmatrix}$

解答

① $\begin{vmatrix} 4 & -1 \\ 6 & 2 \end{vmatrix} = 4 \times 2 - (-1) \times 6 = 8 + 6 = 14$

② $\begin{vmatrix} 1 & 6 & 2 \\ -2 & 4 & 8 \\ 7 & -3 & 5 \end{vmatrix} = 1 \times 4 \times 5 + 6 \times 8 \times 7 + 2 \times (-2) \times (-3)$

$\qquad\qquad\qquad\qquad -(2 \times 4 \times 7) - \{6 \times (-2) \times 5\} - \{1 \times 8 \times (-3)\}$

$\qquad\qquad\qquad = 20 + 336 + 12 - 56 + 60 + 24 = 396$

3. 余因子

例えば，式(4.5)に示す3行3列の正方行列において，i行j列の要素を除いた行列を**小行列**という．また，小行列式に$(-1)^{i+j}$を乗じた行列式を**余因子**とよぶ．

$$[A] = \begin{bmatrix} a_{11} & a_{12} & a_{13} \\ a_{21} & a_{22} & a_{23} \\ a_{31} & a_{32} & a_{33} \end{bmatrix} \qquad (4.5)$$

・小行列 $[A]_{ij}$：i行j列の要素を除く

　（例）　$[A]_{11} = \begin{bmatrix} a_{22} & a_{23} \\ a_{32} & a_{33} \end{bmatrix}$

・小行列式 $|A|_{ij}$

　（例）　$|A|_{11} = \begin{vmatrix} a_{22} & a_{23} \\ a_{32} & a_{33} \end{vmatrix} = a_{22}a_{33} - a_{23}a_{32}$

$$|A|_{12} = \begin{vmatrix} a_{21} & a_{23} \\ a_{31} & a_{33} \end{vmatrix} = a_{21}a_{33} - a_{23}a_{31}$$

$$|A|_{13} = \begin{vmatrix} a_{21} & a_{22} \\ a_{31} & a_{32} \end{vmatrix} = a_{21}a_{32} - a_{22}a_{31}$$

・余因子 $|A|'_{ij}$：小行列式に $(-1)^{i+j}$ を乗ずる

(例)　$|A|'_{11} = (-1)^{1+1} \begin{vmatrix} a_{22} & a_{23} \\ a_{32} & a_{33} \end{vmatrix} = a_{22}a_{33} - a_{23}a_{32}$

$|A|'_{12} = (-1)^{1+2} \begin{vmatrix} a_{21} & a_{23} \\ a_{31} & a_{33} \end{vmatrix} = -(a_{21}a_{33} - a_{23}a_{31})$

$|A|'_{13} = (-1)^{1+3} \begin{vmatrix} a_{21} & a_{22} \\ a_{31} & a_{32} \end{vmatrix} = a_{21}a_{32} - a_{22}a_{31}$

【例題 4.3】　次の行列 $[A]$ の余因子として①，②の値を求めなさい．

$$[A] = \begin{bmatrix} -2 & 1 & 6 \\ 9 & 5 & 7 \\ 6 & 8 & 4 \end{bmatrix} \quad \begin{array}{l} ① \quad |A|'_{11} \\ ② \quad |A|'_{23} \end{array}$$

解答　①　$|A|'_{11} = (-1)^{1+1} \begin{vmatrix} 5 & 7 \\ 8 & 4 \end{vmatrix} = 20 - 56 = -36$

②　$|A|'_{23} = (-1)^{2+3} \begin{vmatrix} -2 & 1 \\ 6 & 8 \end{vmatrix} = (-1)(-16 - 6) = 22$

4．逆行列

正方行列 $[A]$ と単位行列 $[E]$ において，式(4.6)が成立する $[A]^{-1}$ を行列 $[A]$ の**逆行列**という．

$$[A] \times [A]^{-1} = [E] \text{ , かつ } [A]^{-1} \times [A] = [E] \tag{4.6}$$

2行2列の行列 $[A]$ の逆行列 $[A]^{-1}$ は，式(4.7)で求めることができる．

$$[A]^{-1} = \frac{1}{|A|}\begin{bmatrix} a_{22} & -a_{12} \\ -a_{21} & a_{11} \end{bmatrix} \tag{4.7}$$

逆行列は，行列式の値が0でない場合 ($|A| \neq 0$) のみ存在する．式(4.7)は，次のようにして証明できる．

$[B] = \begin{bmatrix} a_{22} & -a_{12} \\ -a_{21} & a_{11} \end{bmatrix}$ として，$[A] \times [B]$ を計算する．

$$[A] \times [B] = \begin{bmatrix} a_{11} & a_{12} \\ a_{21} & a_{22} \end{bmatrix} \times \begin{bmatrix} a_{22} & -a_{12} \\ -a_{21} & a_{11} \end{bmatrix} = (a_{11}a_{22} - a_{12}a_{21})\begin{bmatrix} 1 & 0 \\ 0 & 1 \end{bmatrix}$$
$$= |A| \times [E]$$

行列の計算においては，$[A] \times [B]$ と $[B] \times [A]$ は等しいとは限らないため，$[B] \times [A]$ を計算する．

$$[B] \times [A] = \begin{bmatrix} a_{22} & -a_{12} \\ -a_{21} & a_{11} \end{bmatrix} \times \begin{bmatrix} a_{11} & a_{12} \\ a_{21} & a_{22} \end{bmatrix} = (a_{11}a_{22} - a_{12}a_{21})\begin{bmatrix} 1 & 0 \\ 0 & 1 \end{bmatrix}$$
$$= |A| \times [E]$$

これより，$\dfrac{1}{|A|}[B]$ が $[A]^{-1}$ となることがわかる．

式(4.7)は，余因子を用いると式(4.8)のように表すことができる．また，3行3列の行列 $[A]$ の逆行列 $[A]^{-1}$ は，式(4.9)で求めることができる．

$$[A]^{-1} = \frac{1}{|A|}\begin{bmatrix} |A|'_{11} & |A|'_{21} \\ |A|'_{12} & |A|'_{22} \end{bmatrix} \tag{4.8}$$

$$[A]^{-1} = \frac{1}{|A|}\begin{bmatrix} |A|'_{11} & |A|'_{21} & |A|'_{31} \\ |A|'_{12} & |A|'_{22} & |A|'_{32} \\ |A|'_{13} & |A|'_{23} & |A|'_{33} \end{bmatrix} \tag{4.9}$$

【例題 4.4】 次の行列 $[A]$ の逆行列 $[A]^{-1}$ を求めなさい．ただし，$\dfrac{1}{|A|}$ の値は，分数のままでよい．

① $\begin{bmatrix} 4 & -3 \\ 2 & 5 \end{bmatrix}$ ② $\begin{bmatrix} 1 & 6 & 2 \\ -2 & 4 & 8 \\ 7 & -3 & 5 \end{bmatrix}$

解答 ① $[A]^{-1} = \dfrac{1}{4 \times 5 - (-3) \times 2} \begin{bmatrix} 5 & 3 \\ -2 & 4 \end{bmatrix} = \dfrac{1}{26} \begin{bmatrix} 5 & 3 \\ -2 & 4 \end{bmatrix}$

② $|A| = 396$（例題 4.2 ②参照）より

$$[A]^{-1} = \dfrac{1}{396} \begin{bmatrix} 20+24 & -(30+6) & 48-8 \\ -(-10-56) & 5-14 & -(8+4) \\ 6-28 & -(-3-42) & 4+12 \end{bmatrix}$$

$$= \dfrac{1}{396} \begin{bmatrix} 44 & -36 & 40 \\ 66 & -9 & -12 \\ -22 & 45 & 16 \end{bmatrix}$$

①，②それぞれにおいて，$[A]^{-1}[A] = [E]$ を確認されたい．

演習問題 4.1

1. 行列 $[A]$，$[B]$ が次のように与えられているとき，①〜⑤に答えなさい．

$$[A] = \begin{bmatrix} 0 & 1 & -1 \\ 4 & 2 & 0 \\ 3 & 0 & 1 \end{bmatrix}, \quad [B] = \begin{bmatrix} 2 & -1 & 2 \\ 5 & 3 & 4 \\ 0 & -1 & 0 \end{bmatrix}$$

① $[A] \times [B]$ と $[B] \times [A]$ を計算して比較しなさい．
② 行列式 $|A|$ の値を求めなさい． ③ 余因子 $|A|_{11}$ を求めなさい．
④ 逆行列 $[A]^{-1}$ を求めなさい．
⑤ $[A] \times [A]^{-1} = [E]$ となることを確認しなさい．

4-2 連立方程式の解法

1. 代入法と加減法

　連立方程式は，未知数の個数 m と次数 n を用いて，m 元 n 次連立方程式のようによぶことができる．例えば，式(4.10)は，2元1次連立方程式とよぶ．

$$\begin{cases} 2x-3y=5 \\ 5x+y=21 \end{cases} \quad (4.10)$$

ここでは，代入法と加減法を用いた連立方程式の解法について説明する．

・代入法

　代入法は，いずれかの方程式を $x=\bigcirc$，または $y=\bigcirc$ などの形に変形し，他の方程式に代入する方法である．例えば，式(4.10)では，上式を $x=$ の形に変形して，下式に代入することで y の値を求めることができる．

$$x=\frac{5+3y}{2}$$

$$\frac{5(5+3y)}{2}+y=21$$

$$12.5+7.5y+y=21 \text{ より，} y=1$$

得られた y の値を式(4.10)へ代入すれば，x の値を求めることができる．

$$2x-3\times1=5 \text{ より，} x=4$$

・加減法

　加減法は，与えられた方程式の x，または y などの係数の値が同じになるように，それぞれの方程式に任意の数を掛ける．そして，他の方程式と加算または減算して未知数を消去した方程式を得る方法である．例えば，式(4.10)では，下式を3倍して上式と加算すると，未知数 y が消去された方程式が得られるため，x の値を求めることができる．

$$2x-3y=5$$
$$+\underline{)3\times5x+3\times y=3\times21}$$
$$17x=68 \quad より，x=4$$

得られた x の値を式(4.10)へ代入すれば，y の値を求めることができる．

$$2\times4-3y=5 \ より，y=1$$

【例題 4.5】 次の連立方程式を加減法によって解きなさい．
$$\begin{cases} 2x+5y=13 \\ 3x+2y=3 \end{cases}$$

解 答 上式を3倍，下式を2倍して減算を行なう．
$$3\times2x+3\times5y=3\times13$$
$$-\underline{)2\times3x+2\times2y=2\times3}$$
$$11y=33 \quad より，y=3$$

$y=3$ を問題の上式に代入する．
$$2x+5\times3=13 \quad より，x=-1$$

（答） $x=-1$ ，$y=3$

2．逆行列を用いる方法

連立方程式は，行列として表示することができる．例えば，次の連立方程式は式(4.11)のように表示できる．

$$\begin{cases} a_{11}x+a_{12}y=b_{11} \\ a_{21}x+a_{22}y=b_{21} \end{cases} \Longrightarrow \begin{bmatrix} a_{11} & a_{12} \\ a_{21} & a_{22} \end{bmatrix}\begin{bmatrix} x \\ y \end{bmatrix}=\begin{bmatrix} b_{11} \\ b_{21} \end{bmatrix} \quad (4.11)$$

式(4.11)の両辺に逆行列を掛けて整理すると，式(4.12)が得られる．

$$\begin{bmatrix} a_{11} & a_{12} \\ a_{21} & a_{22} \end{bmatrix}^{-1} \begin{bmatrix} a_{11} & a_{12} \\ a_{21} & a_{22} \end{bmatrix} \begin{bmatrix} x \\ y \end{bmatrix} = \begin{bmatrix} a_{11} & a_{12} \\ a_{21} & a_{22} \end{bmatrix}^{-1} \begin{bmatrix} b_{11} \\ b_{21} \end{bmatrix}$$

$$\begin{bmatrix} a_{11} & a_{12} \\ a_{21} & a_{22} \end{bmatrix}^{-1} \begin{bmatrix} a_{11} & a_{12} \\ a_{21} & a_{22} \end{bmatrix} = [E] \text{ より}$$

$$\begin{bmatrix} x \\ y \end{bmatrix} = \begin{bmatrix} a_{11} & a_{12} \\ a_{21} & a_{22} \end{bmatrix}^{-1} \begin{bmatrix} b_{11} \\ b_{21} \end{bmatrix} \tag{4.12}$$

このように,未知数の係数行列の逆行列を用いて,連立方程式を解くことができる.また,同様にして,3元1次連立方程式なども逆行列を用いて解くことができる.

【例題 4.6】 逆行列を用いて,次の連立方程式を解きなさい.

① $\begin{cases} 2x+5y=13 \\ 3x+2y=3 \end{cases}$ ② $\begin{cases} y-z=1 \\ 4x+2y=10 \\ 3x+z=5 \end{cases}$

解答 ① $\begin{bmatrix} x \\ y \end{bmatrix} = \begin{bmatrix} 2 & 5 \\ 3 & 2 \end{bmatrix}^{-1} \begin{bmatrix} 13 \\ 3 \end{bmatrix} = \dfrac{1}{-11} \begin{bmatrix} 2 & -5 \\ -3 & 2 \end{bmatrix} \begin{bmatrix} 13 \\ 3 \end{bmatrix} = \dfrac{1}{-11} \begin{bmatrix} 26-15 \\ -39+6 \end{bmatrix} = \begin{bmatrix} -1 \\ 3 \end{bmatrix}$

(答) $x=-1$, $y=3$

② $\begin{bmatrix} x \\ y \\ z \end{bmatrix} = \begin{bmatrix} 0 & 1 & -1 \\ 4 & 2 & 0 \\ 3 & 0 & 1 \end{bmatrix}^{-1} \begin{bmatrix} 1 \\ 10 \\ 5 \end{bmatrix} = \dfrac{1}{2} \begin{bmatrix} 2 & -1 & 2 \\ -4 & 3 & -4 \\ -6 & 3 & -4 \end{bmatrix} \begin{bmatrix} 1 \\ 10 \\ 5 \end{bmatrix} = \dfrac{1}{2} \begin{bmatrix} 2 \\ 6 \\ 4 \end{bmatrix} = \begin{bmatrix} 1 \\ 3 \\ 2 \end{bmatrix}$

(答) $x=1$, $y=3$, $z=2$

3. クラメールの公式を用いる方法

クラメールの公式を用いると,式(4.13)の2元1次連立方程式を式(4.14)のようにして解くことができる.

$$\begin{bmatrix} a_{11} & a_{12} \\ a_{21} & a_{22} \end{bmatrix} \begin{bmatrix} x \\ y \end{bmatrix} = \begin{bmatrix} b_{11} \\ b_{21} \end{bmatrix} \tag{4.13}$$

$$x = \frac{\begin{vmatrix} b_{11} & a_{12} \\ b_{21} & a_{22} \end{vmatrix}}{\begin{vmatrix} a_{11} & a_{12} \\ a_{21} & a_{22} \end{vmatrix}} \ , \ y = \frac{\begin{vmatrix} a_{11} & b_{11} \\ a_{21} & b_{21} \end{vmatrix}}{\begin{vmatrix} a_{11} & a_{12} \\ a_{21} & a_{22} \end{vmatrix}} \tag{4.14}$$

同様にして，式(4.15)の3元1次連立方程式を式(4.16)のようにして解くことができる．

$$\begin{bmatrix} a_{11} & a_{12} & a_{13} \\ a_{21} & a_{22} & a_{23} \\ a_{31} & a_{32} & a_{33} \end{bmatrix} \begin{bmatrix} x \\ y \\ z \end{bmatrix} = \begin{bmatrix} b_{11} \\ b_{21} \\ b_{31} \end{bmatrix} \tag{4.15}$$

$[A] = \begin{bmatrix} a_{11} & a_{12} & a_{13} \\ a_{21} & a_{22} & a_{23} \\ a_{31} & a_{32} & a_{33} \end{bmatrix}$ とすると，

$$x = \frac{\begin{vmatrix} b_{11} & a_{12} & a_{13} \\ b_{21} & a_{22} & a_{23} \\ b_{31} & a_{32} & a_{33} \end{vmatrix}}{|A|} \ , \ y = \frac{\begin{vmatrix} a_{11} & b_{11} & a_{13} \\ a_{21} & b_{21} & a_{23} \\ a_{31} & b_{31} & a_{33} \end{vmatrix}}{|A|} \ , \ z = \frac{\begin{vmatrix} a_{11} & a_{12} & b_{11} \\ a_{21} & a_{22} & b_{21} \\ a_{31} & a_{32} & b_{31} \end{vmatrix}}{|A|}$$
$$\tag{4.16}$$

第4章 行列と連立方程式

【例題 4.7】 クラメールの公式を用いて，次の連立方程式を解きなさい．

① $\begin{cases} x+4y=-24 \\ 3x-y=19 \end{cases}$ ② $\begin{cases} x+y+z=4 \\ x-2y+4z=13 \\ 3x+5y-2z=3 \end{cases}$

解答 ① $x = \dfrac{\begin{vmatrix} -24 & 4 \\ 19 & -1 \end{vmatrix}}{\begin{vmatrix} 1 & 4 \\ 3 & -1 \end{vmatrix}} = \dfrac{24-76}{-1-12} = 4$

$y = \dfrac{\begin{vmatrix} 1 & -24 \\ 3 & 19 \end{vmatrix}}{\begin{vmatrix} 1 & 4 \\ 3 & -1 \end{vmatrix}} = \dfrac{19+72}{-1-12} = -7$

（答） $x=4$, $y=-7$

② $\begin{vmatrix} 1 & 1 & 1 \\ 1 & -2 & 4 \\ 3 & 5 & -2 \end{vmatrix} = 9$ より

$x = \dfrac{\begin{vmatrix} 4 & 1 & 1 \\ 13 & -2 & 4 \\ 3 & 5 & -2 \end{vmatrix}}{9} = \dfrac{45}{9} = 5$, $y = \dfrac{\begin{vmatrix} 1 & 4 & 1 \\ 1 & 13 & 4 \\ 3 & 3 & -2 \end{vmatrix}}{9} = \dfrac{-18}{9} = -2$

$z = \dfrac{\begin{vmatrix} 1 & 1 & 4 \\ 1 & -2 & 13 \\ 3 & 5 & 3 \end{vmatrix}}{9} = \dfrac{9}{9} = 1$

（答） $x=5$, $y=-2$, $z=1$

演習問題 4.2

1. 代入法を用いて，次の連立方程式を解きなさい

$$\begin{cases} 7x - 4y = 50 \\ 5x + 3y = 24 \end{cases}$$

2. 加減法を用いて，次の連立方程式を解きなさい．

① $\begin{cases} -4x + 3y = 11 \\ 2x - y = -5 \end{cases}$ ② $\begin{cases} 3x + y - 2z = 13 \\ -4x - y + 5z = -31 \\ 7x + 3y - 4z = 23 \end{cases}$

3. 逆行列を用いて，次の連立方程式を解きなさい．

① $\begin{cases} 5x - 3y = -42 \\ 4x + 7y = 51 \end{cases}$ ② $\begin{cases} x + 2y - z = -4 \\ -x - y + 2z = 9 \\ 2x - y + z = -1 \end{cases}$

4. クラメールの公式を用いて，次の連立方程式を解きなさい．

① $\begin{cases} -5x + 6y = -7 \\ 8x - 3y = 31 \end{cases}$ ② $\begin{cases} 2x + y + 3z = -1 \\ 5x - 4y + z = 30 \\ 3x + 5y - 2z = 1 \end{cases}$

章末問題 4

1. 次の行列計算をしなさい．

    ① $\begin{bmatrix} 5 & -4 \\ 6 & 2 \end{bmatrix} + \begin{bmatrix} -2 & 1 \\ 5 & -7 \end{bmatrix}$ 　　② $\begin{bmatrix} 1 & 0 \\ 4 & 5 \end{bmatrix} \times [E]$

    ③ $\begin{bmatrix} 2 & 7 \\ 6 & 4 \end{bmatrix} \times \begin{bmatrix} -6 & 0 \\ 4 & 3 \end{bmatrix}$ 　　④ $\begin{bmatrix} 0 & -2 & 1 \\ 1 & 3 & 5 \\ 4 & 0 & 2 \end{bmatrix} \times \begin{bmatrix} 2 \\ 1 \\ 0 \end{bmatrix}$

2. 行列 $[A]$ について，①～④の問に答えなさい．

    ① 行列式 $|A|$ の値を求めなさい．
    ② 余因子 $|A|_{32}$ を求めなさい． 　　$[A] = \begin{bmatrix} 2 & -1 & 0 \\ 3 & 2 & -2 \\ 1 & 1 & 1 \end{bmatrix}$
    ③ 逆行列 $[A]^{-1}$ を求めなさい．

    ただし，$\dfrac{1}{|A|}$ の値は分数のままでよい．

    ④ $[A] \times [A]^{-1} = [E]$ を確認しなさい．

3. 次の連立方程式について，①～④の問に答えなさい．

    ① 行列の形式で表示しなさい．
    ② 加減法によって解きなさい． 　　$\begin{cases} -5x + 7y - 2z = 3 \\ -4x - 9y + 5z = 1 \\ -x + 2y - 4z = -6 \end{cases}$
    ③ 逆行列を用いて解きなさい．
    ④ クラメールの公式を用いて解きなさい．

4. 図 4.5 に示す 3 電源の直流回路において，キルヒホッフの法則を用いると次の連立方程式を得ることができる．

    この連立方程式を解いて，電流 I_1, I_2, I_3 を求めなさい．

    $\begin{cases} I_1 + I_2 = I_3 \\ 2I_1 + 3I_3 = 19 \\ 2I_2 + 3I_3 = 5 \end{cases}$

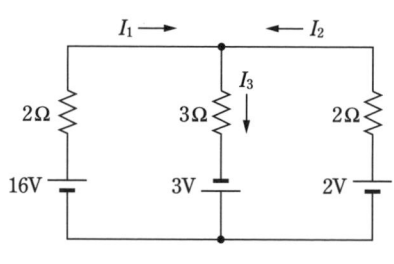

    図 4.5 直流回路

第5章 三角関数の基本

　三角形の各辺の関係を表す三角関数を用いると，未知の1辺の長さや，内角などを求めることが可能となる．電気では，いろいろな力の関係を解き明かす場合などに三角関数がよく用いられる．とくに，交流波形を扱う場合には，三角関数を使用することが不可欠となる．この章では，三角関数の基本として，弧度法や三角比，三角関数のグラフなどについて学ぶ．

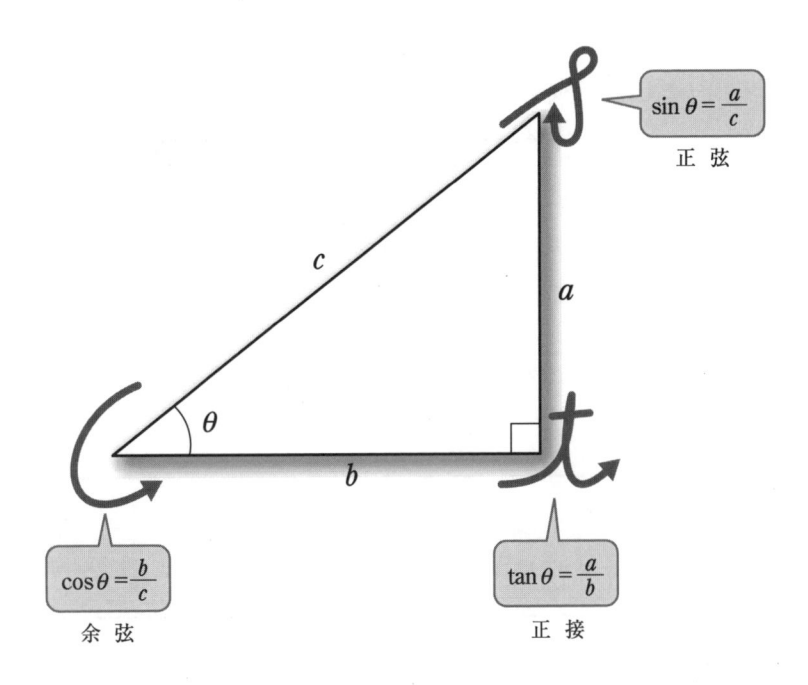

$\sin\theta = \dfrac{a}{c}$
正弦

$\cos\theta = \dfrac{b}{c}$
余弦

$\tan\theta = \dfrac{a}{b}$
正接

〈Keywords〉　弧度法，60分法，三角比，sin，cos，tan，正弦定理，余弦定理，正弦波交流，三相交流，逆三角関数，$\sin^{-1}$，$\cos^{-1}$，$\tan^{-1}$

5-1 三角関数の基礎

1. 弧度法と60分法

　角度を表す場合，一般的には単位に度〔°〕を用いる**60分法**が使用されている．しかし，電気では単位にラジアン〔rad〕を用いる**弧度法**が使用されることが多い．弧度法は，図5.1に示すように，半径 r の円において円弧の長さが r のときの角度を1 radと定めたものである．つまり，60分法の360°は，弧度法においては 2π〔rad〕となる．

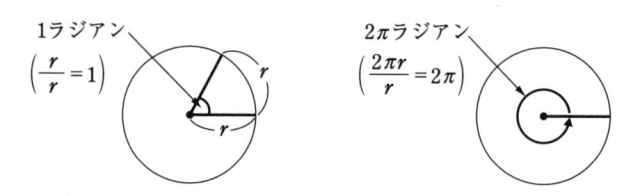

図5.1　弧度法

　60分法で表した角度 X と弧度法で表した角度 Y には，式(5.1)の関係が成り立つ．これより，60分法で表された角度を弧度法に変換する場合には，式(5.2)を用いればよい．

$$360 : X = 2\pi : Y \tag{5.1}$$

$$Y\,[\text{rad}] = \frac{2\pi X}{360} = \frac{\pi}{180} X\,[°] \tag{5.2}$$

【例題5.1】　60分法で表された次の角度を，弧度法の単位に変換しなさい．
① 60°　　② 120°　　③ 390°　　④ −90°

解 答　① $Y = \dfrac{60\pi}{180} = \dfrac{\pi}{3}$〔rad〕　　② $Y = \dfrac{120\pi}{180} = \dfrac{2}{3}\pi$〔rad〕

③ $Y = \dfrac{390\pi}{180} = 2\dfrac{\pi}{6}$ [rad], この角度は $\dfrac{\pi}{6}$ [rad] と同じである．

④ $Y = \dfrac{-90\pi}{180} = -\dfrac{\pi}{2}$ [rad], この角度は $\dfrac{3}{2}\pi$ [rad] と同じである．

2. 三角比

図 5.2 に示す三角形において，3 辺のうちの 2 辺の長さを $\dfrac{a}{b}$ のように分数で表すと，6 通りの分数が得られる．これらの分数の値を**三角比**とよぶ．

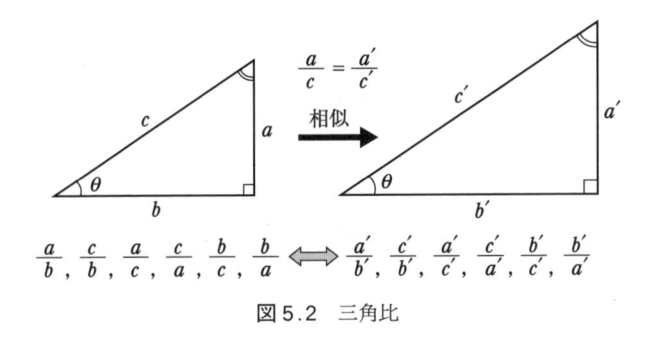

$\dfrac{a}{b},\ \dfrac{c}{b},\ \dfrac{a}{c},\ \dfrac{c}{a},\ \dfrac{b}{c},\ \dfrac{b}{a} \iff \dfrac{a'}{b'},\ \dfrac{c'}{b'},\ \dfrac{a'}{c'},\ \dfrac{c'}{a'},\ \dfrac{b'}{c'},\ \dfrac{b'}{a'}$

図 5.2　三角比

三角比は，相似な三角形であれば同一の値となる．つまり，辺の長さには無関係であり，角度に依存した値となる．三角比のうち，式(5.3)に示す 3 つをそれぞれ**正弦** (sin：サイン), **余弦** (cos：コサイン), **正接** (tan：タンジェント) とよぶ．また，式(5.4)に示すように，sin, cos, tan のそれぞれの逆数を cosec (コセカント), sec (セカント), cot (コタンジェント) とよぶ．

$$
\begin{aligned}
&\text{正弦}\quad \sin\theta = \dfrac{a}{c} \\
&\text{余弦}\quad \cos\theta = \dfrac{b}{c} \\
&\text{正接}\quad \tan\theta = \dfrac{a}{b} \quad \left(\tan\theta = \dfrac{\sin\theta}{\cos\theta} = \dfrac{a}{c} \times \dfrac{c}{b} = \dfrac{a}{b}\right)
\end{aligned} \qquad (5.3)
$$

$$\operatorname{cosec} \theta = \frac{1}{\sin \theta} = \frac{c}{a}$$

$$\sec \theta = \frac{1}{\cos \theta} = \frac{c}{b} \tag{5.4}$$

$$\cot \theta = \frac{1}{\tan \theta} = \frac{b}{a}$$

これらの三角比を角度についての関数ととらえて、これを**三角関数**とよぶ。三角関数においては、図5.3に示すように、θ [rad] と $\pi - \theta$ [rad] の間に式(5.5)に示す関係がある。

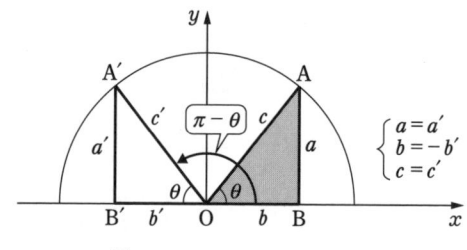

図5.3 ∠AOB と ∠A'OB'

$$\sin(\pi - \theta) = \sin \theta$$
$$\cos(\pi - \theta) = -\cos \theta \tag{5.5}$$
$$\tan(\pi - \theta) = -\tan \theta$$

また、ピタゴラスの定理（三平方の定理）より、式(5.6)が成立する。

$$\sin^2 \theta + \cos^2 \theta = 1 \tag{5.6}$$

【例題 5.2】次の三角関数の値を求めなさい。

① $\sin 60°$　② $\sin \dfrac{2}{3}\pi$　③ $\cos(-\pi)$　④ $\tan \dfrac{1}{6}\pi$

解答 ① $\dfrac{\sqrt{3}}{2}$ ② $\dfrac{\sqrt{3}}{2}$ ③ -1 ④ $\dfrac{1}{\sqrt{3}}$

3. 三角関数のグラフ

　図 5.4，図 5.5 に $\sin\theta$ と $\cos\theta$ のグラフ $(0\leqq\theta\leqq2\pi)$ を示す．$\sin\theta$ と $\cos\theta$ の値は，どちらも -1 以上 1 以下となる．値が負となるのは，例えば図 5.3 の辺 b に対する辺 b' のように反対方向（x 軸の負）の辺を考える場合である．

　図 5.6 に $\tan\theta$ のグラフ $(0\leqq\theta\leqq2\pi)$ を示す．$\tan\theta$ では，例えば θ が 0 [rad] から $\dfrac{\pi}{2}$ [rad] に向けて増加した場合，$\tan\theta$ の値は，$\theta=\dfrac{\pi}{2}$ の漸近線に近づく．

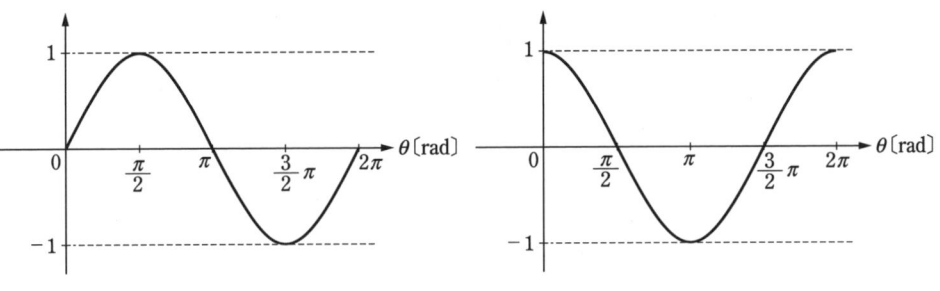

図 5.4　$\sin\theta$ のグラフ

図 5.5　$\cos\theta$ のグラフ

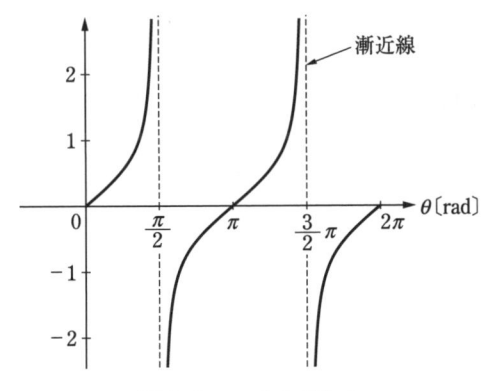

図 5.6　$\tan\theta$ のグラフ

【例題 5.3】 次の式をグラフで表しなさい．ただし，$0 \leq \theta \leq 2\pi$ の範囲を考えればよい．

① $y = 2\cos\theta$　　② $y = \tan(\theta + \pi)$

解答　①

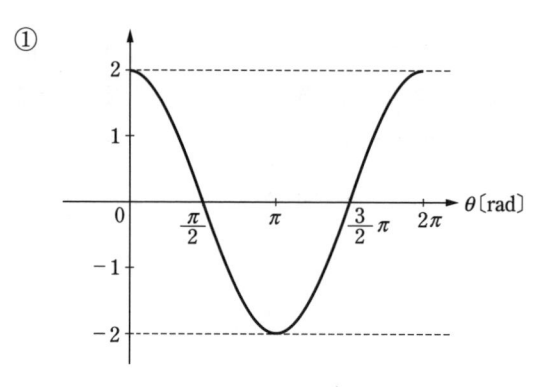

図 5.7　$y = 2\cos\theta$ のグラフ

② $\tan$ は，π〔rad〕を周期として同じ波形を繰り返すため，$\tan\theta = \tan(\theta + \pi)$ となる．つまり，$\tan(\theta + \pi)$ は図 5.6 と同じグラフになる．

4．正弦定理と余弦定理

・正弦定理

図 5.8 に示す △ABC において，頂点 C から辺 AB 上へ垂線 CP を引く．ただし，∠A が 90°を超える場合には，辺 AB の延長線上へ垂線を下ろす．

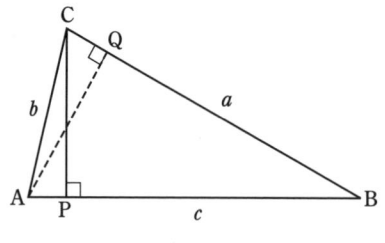

図 5.8　正弦定理

このとき，垂線 $CP=b\sin A$ 及び，垂線 $CP=a\sin B$ が成立するため，$b\sin A=a\sin B$ となる．同様に，頂点 A から辺 BC 上へ垂線 AQ を引くと，$c\sin B=b\sin C$ となる．これより，式(5.7)が導かれる．式(5.7)を**正弦定理**という．

$$\frac{a}{\sin A}=\frac{b}{\sin B}=\frac{c}{\sin C} \tag{5.7}$$

・余弦定理

図5.9に示すように，△ABC の頂点 A を原点，辺 AB を x 軸上にとった座標を考える．すると，頂点 A，B，C は図中に示した座標をとる．

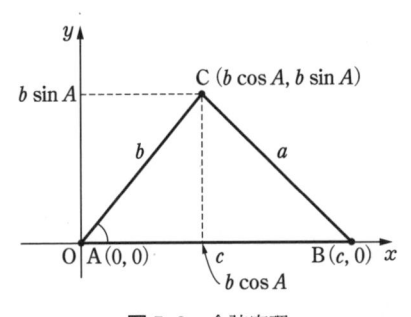

図5.9 余弦定理

このとき，辺 BC の長さ a は，ピタゴラスの定理より次のように表される．

$$\begin{aligned}a^2&=(b\sin A)^2+(c-b\cos A)^2\\&=b^2\sin^2 A+c^2-2cb\cos A+b^2\cos^2 A\\&=b^2(\sin^2 A+\cos^2 A)+c^2-2bc\cos A\\&=b^2+c^2-2bc\cos A\end{aligned}$$

辺 AC の長さ b，辺 AB の長さ c についても同様に考えると，式(5.8)が成立する．式(5.8)を**余弦定理**という．

$$\begin{aligned}
a^2 &= b^2 + c^2 - 2bc \cos A \\
b^2 &= a^2 + c^2 - 2ac \cos B \\
c^2 &= a^2 + b^2 - 2ab \cos C
\end{aligned} \tag{5.8}$$

【例題 5.4】 図 5.10 に示す △ABC において，辺 BC の長さ及び，$\sin B$ の値を求めなさい．

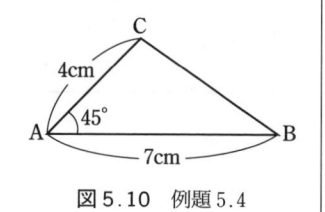

図 5.10 例題 5.4

解 答 $a^2 = b^2 + c^2 - 2bc \cos A$ より

$\overline{BC}^2 = 4^2 + 7^2 - 2(4 \times 7) \cos 45° \fallingdotseq 25.4$

$\overline{BC} \fallingdotseq 5$ cm

$\dfrac{b}{\sin B} = \dfrac{a}{\sin A}$ より

$\sin B = \dfrac{b}{a} \sin A = \dfrac{4}{5} \cdot \sin 45° \fallingdotseq 0.566$

演習問題 5.1

1. 表 5.1 は，弧度法と 60 分法の対応を示している．空欄に適切な数値を入れなさい．

表 5.1 弧度法と 60 分法の対応

弧度法〔rad〕	①	②	$\dfrac{3}{4}\pi$	$\dfrac{4}{5}\pi$	$\dfrac{5}{2}\pi$
60 分法〔°〕	45	120	③	④	⑤

2. 図 5.11 に示す △ABC において，辺 X と辺 Y の長さを求めなさい．
3. 図 5.12 に示す △ABC において，$\cos \theta$ の値を求めなさい．
4. $\sin^2 \theta + \cos^2 \theta = 1$（式(5.6)）が成り立つことを証明しなさい．

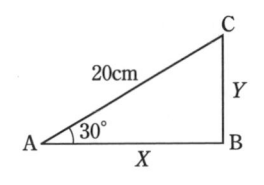

図 5.11 演習問題 2

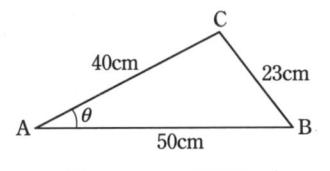

図 5.12 演習問題 3

5. 図 5.13 において，角度 θ を 0 [rad] から増加させると，それに伴って θ は第 1 象限から第 2 象限，第 3 象限，第 4 象限へと移動していく．この場合，各象限における $\sin\theta$, $\cos\theta$, $\tan\theta$ の値の正負をそれぞれ答えなさい．

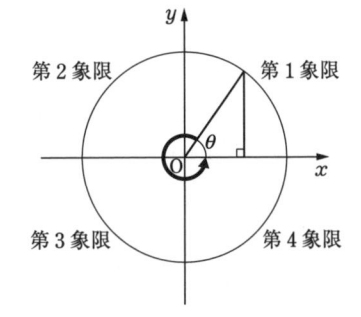

図 5.13 演習問題 5

5-2 正弦波交流

1. 正弦波交流の発生

図 5.14 に示すように，平等磁界中に置いたコイルを回転させる場合を考える．コイルが磁界と垂直になる位置から始めて，向かって反時計方向に回転させると，フレミングの右手の法則によってコイルに起電力を生じる．

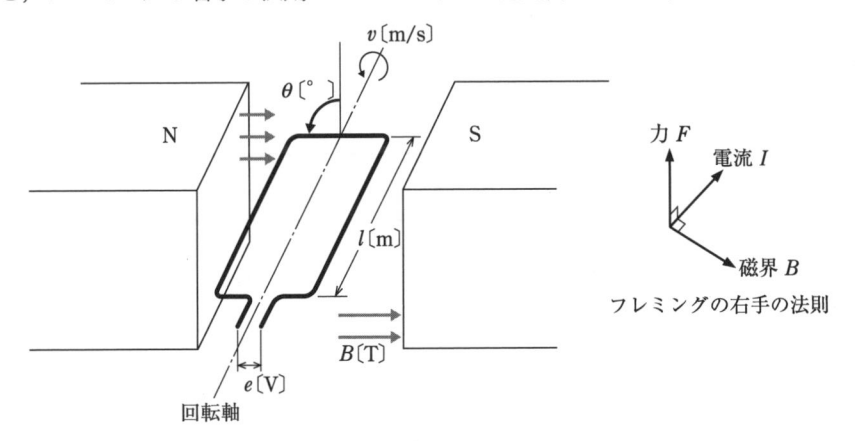

図 5.14 平等磁界中のコイル

このとき，磁界の磁束密度を B，コイルの回転軸方向の長さを l，コイルと磁界の垂直な面がなす角を θ，回転速度を v とすると，発生する起電力 e は，式(5.9)のようになる．式(5.9)は，**瞬時値**を表す式とも呼ばれ，E_m を**交流起電力の最大値**という．

$$e = 2Blv \sin \theta = E_m \sin \theta \tag{5.9}$$

また，コイルの回転角 θ と起電力 e の関係を図 5.15 に示す．

式(5.9)や図 5.15 のように，時間変化に伴って正弦波状に変化する交流を**正弦波交流**という．図 5.14 に示したコイルが 1 回転した場合には，$\theta = 360° = 2\pi$ [rad] となるが，このときの単位時間当たりの角度変化を**角速度**（または，角周波数）ω [rad/s] という．周波数 f（1 秒間に f 回転する）の交流の角速度は，式(5.10)で表すことができる．

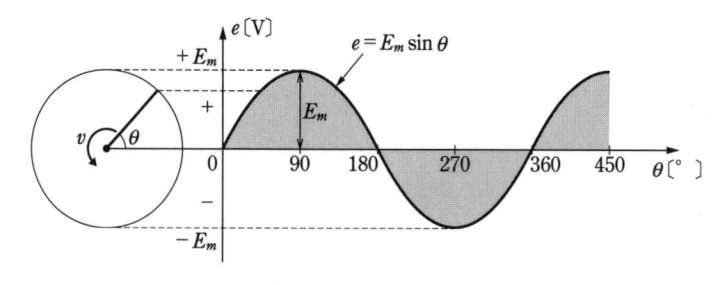

図 5.15　正弦波交流

$$\omega = 2\pi f \text{ [rad/s]} \tag{5.10}$$

角速度 ω で回転しているコイルが t 秒間に回転した角度 θ [°] は，$\theta = \omega t$ であるから，これを式(5.9)に代入すると，式(5.11)が得られる．

$$e = E_m \sin \theta = E_m \sin \omega t \tag{5.11}$$

【例題 5.5】 図 5.14 の平等磁界中のコイルにおいて，回転時の交流起電力の最大値が 120 V であった場合，回転角 $\theta=30°$ のときの瞬時値を計算しなさい．

解答　　$e = E_m \sin\theta = 120 \times \sin 30° = 60$ V

2. 三相交流の発生

図 5.16(a) に示すように，平等磁界中に 120° おきに配置した 3 個のコイル A，B，C を同時に回転させる場合を考える．すると，図 5.14，図 5.15 を用いて説明したのと同様の原理で，各コイルに正弦波交流の起電力を生じるため，図 5.16(b) に示すような波形の起電力が得られる．このような起電力を持つ交流を**三相交流**という．

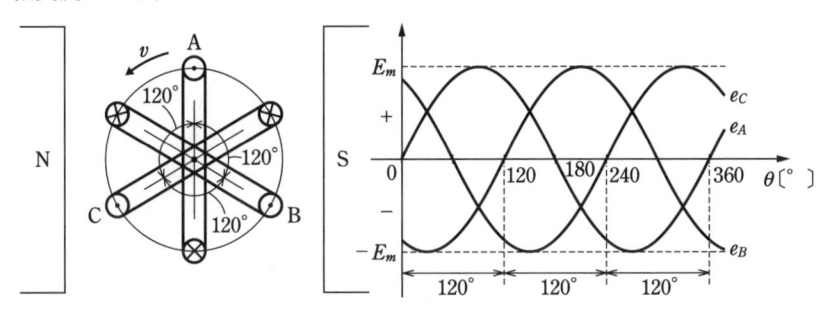

(a) コイルの配置　　(b) 各コイルに発生する起電力

図 5.16　三相交流の発生

三相交流の各起電力の瞬時値は式(5.12)で表すことができる．

$$
\begin{aligned}
e_A &= E_m \sin\theta \\
e_B &= E_m \sin(\theta - 120°) \\
e_C &= E_m \sin(\theta - 240°)
\end{aligned}
\quad (5.12)
$$

つまり，三相交流は，最大値が等しく，互いに 120° の位相差をもつ交流である．

【例題 5.6】 式(5.12)に示した三相交流の各起電力の瞬時値を，角速度と弧度法による式に変形しなさい．

解答 $e_A = E_m \sin \omega t, \quad e_B = E_m \sin\left(\omega t - \frac{2}{3}\pi\right), \quad e_C = E_m \sin\left(\omega t - \frac{4}{3}\pi\right)$

演習問題 5.2

1. 図 5.14 に示した平等磁界中に置いたコイルが回転しているとき，磁界の磁束密度が 0.8 T，コイルの回転軸方向の長さが 40 cm，回転速度が 75 m/s であるという．コイルに発生する起電力の最大値と，そのときのコイルの角度 θ を求めなさい．

2. 角速度 40π〔rad/s〕で回転しているコイルは，0.05 秒間に何ラジアン回転するか求めなさい．

3. 起電力の瞬時値が次の式で表される正弦波交流について，起電力の最大値，及び周波数を求めなさい．

    $e = 141 \sin(30\pi t)$ 〔V〕

4. 図 5.17 で表される正弦波交流の瞬時値を表す式を書きなさい．

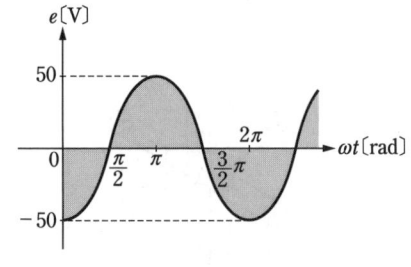

図 5.17　演習問題 4

5-3　逆三角関数

図 5.18 に示す $\sin \omega t$ のグラフにおいて，例えば，$\omega t = \frac{\pi}{6}$〔rad〕と指定すると $\sin \omega t$ の値は一意に 0.5 と決まる．一方，$\sin \omega t = 0.5$ のときの ωt を求めると，$\omega t = \frac{\pi}{6}$〔rad〕，$\frac{5\pi}{6}$〔rad〕，$\frac{13\pi}{6}$〔rad〕，$\frac{17\pi}{6}$〔rad〕，……と多くの値が該当する．

図 5.18 sin ωt のグラフ

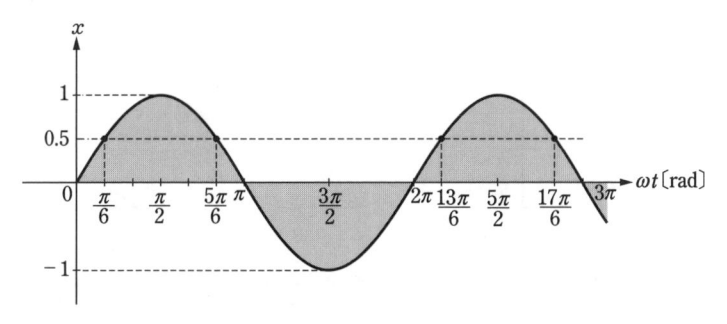

このように，$\sin \omega t = x$ のときに x 値によって ωt を決めるような関数を**逆三角関数**といい，$\sin^{-1} x$（アークサイン x）と表記する．$\cos \omega t$ や $\tan \omega t$ についても，同様に逆三角関数 $\cos^{-1} x$（アークコサイン x），$\tan^{-1} x$（アークタンジェント x）を定義することができる．しかし，図 5.18 における $\sin^{-1} 0.5$ のように，多くの値を扱うのは不都合なので，式(5.13)に示す範囲を設けて逆三角関数を考えるのが一般的である．

$$
\begin{aligned}
&-\frac{\pi}{2} \leqq \sin^{-1} x \leqq \frac{\pi}{2} \quad (-1 \leqq x \leqq 1) \\
&0 \leqq \cos^{-1} x \leqq \pi \quad (-1 \leqq x \leqq 1) \\
&-\frac{\pi}{2} \leqq \tan^{-1} x \leqq \frac{\pi}{2} \quad (-\infty < x < \infty)
\end{aligned}
\tag{5.13}
$$

逆三角関数は，$\arcsin x$，$\arccos x$，$\arctan x$ と表記することもある．

【例題 5.7】 次の逆三角関数の値を弧度法の単位 [rad] で求めなさい．

① $\sin^{-1} \dfrac{\sqrt{3}}{2}$ ② $\cos^{-1} \dfrac{1}{\sqrt{2}}$ ③ $\tan^{-1} \dfrac{1}{\sqrt{3}}$

解答

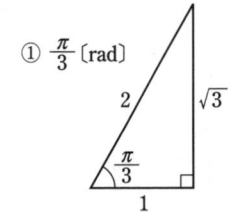

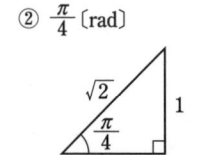

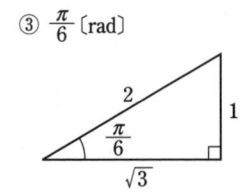

① $\frac{\pi}{3}$〔rad〕   ② $\frac{\pi}{4}$〔rad〕   ③ $\frac{\pi}{6}$〔rad〕

演習問題 5.3

1. 図 5.19 に示す △ABC において，辺 BC の長さ及び，∠B の値を求めなさい．

2. 瞬時値が $e=100\sin\omega t$ で表される正弦波交流において，$e=50$ V のときの ωt の値〔rad〕を求めなさい．

3. 図 5.20(a) に示す抵抗 R とリアクタンス X_c のコンデンサの直列回路において，$R=20\,\Omega$，合成インピーダンス $Z=30\,\Omega$ であるときの回路の力率角〔°〕を求めなさい．ただし，力率角は，図 5.20(b) に示すインピーダンス三角形の θ で表される．

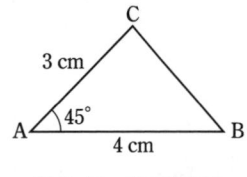

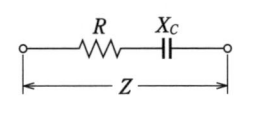

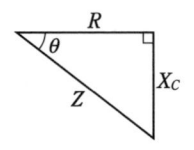

図 5.19　演習問題 1

(a) 直列回路　　(b) インピーダンス三角形

図 5.20　演習問題 3

章末問題 5

1. 弧度法で与えられた角度 Y [rad] を 60 分法の角度 X [°] に変換する式を示しなさい．

2. $\sin\theta$ のグラフを描き，次の①から③の式が成立することを確認しなさい．
   ① $\sin\theta = \sin(\theta + 2\pi)$
   ② $\sin\theta = \sin(\pi - \theta)$
   ③ $\sin(-\theta) = -\sin\theta$

3. 瞬時値が，次の式で表される正弦波交流について，次の①〜③に答えなさい．
$$e = 100\sin\left(\omega t - \frac{\pi}{6}\right) \text{ [V]}$$
   ① この正弦波交流の位相は，$e' = 100\sin\omega t$ で表される交流とどのような関係になっているか述べなさい．
   ② 波形をグラフで表しなさい．
   ③ $e = 70.7$ V のときの ωt [rad] の値を求めなさい．

4. 図 5.21 に示す △ABC の面積 S は，次式で求めることができる．一方，式 (5.14) は，三角形の 3 辺がわかっているときに面積 S を計算する**ヘロンの公式**と呼ばれる式である．余弦定理を用いて，ヘロンの公式を証明しなさい．

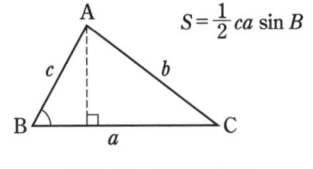

図 5.21　章末問題 4

ヘロンの公式
$$S = \sqrt{s(s-a)(s-b)(s-c)} \quad (5.14)$$
ただし，$s = \dfrac{a+b+c}{2}$

第6章 三角関数の応用

　三角関数には，二項式を単項式に変換する公式，二倍角の公式，半角の公式，積と和の変換公式などいくつかの重要な公式がある．これらの公式は，すべて加法定理から導くことができる．したがって，加法定理を理解することは非常に重要であり，特に正弦（sin）と余弦（cos）に関する加法定理は暗記しておく必要がある．この章では，加法定理を解説した後に，三角関数の諸公式について学ぶ．

〈Keywords〉　加法定理，正弦の加法定理，余弦の加法定理，正接の加法定理，二項式を単項式に変換する公式，二倍角の公式，半角の公式，積を和に変換する公式，和を積に変換する公式

6-1 加法定理

1. 正弦・余弦の加法定理

加法定理には，式(6.1)から式(6.3)に示すように，正弦（sin），余弦（cos），正接（tan）についての定理がある．正接の加法定理は，正弦と余弦の加法定理から導くことができる．

$$\sin(\alpha \pm \beta) = \sin\alpha\cos\beta \pm \cos\alpha\sin\beta \quad \text{（複号同順）} \quad (6.1)$$

$$\cos(\alpha \pm \beta) = \cos\alpha\cos\beta \mp \sin\alpha\sin\beta \quad \text{（複号同順）} \quad (6.2)$$

$$\tan(\alpha \pm \beta) = \frac{\tan\alpha \pm \tan\beta}{1 \mp \tan\alpha\tan\beta} \quad \text{（複号同順）} \quad (6.3)$$

・正弦・余弦の加法定理の証明

図6.1に示すように，∠COD＝α，∠AOC＝β とすると次式が成立する．

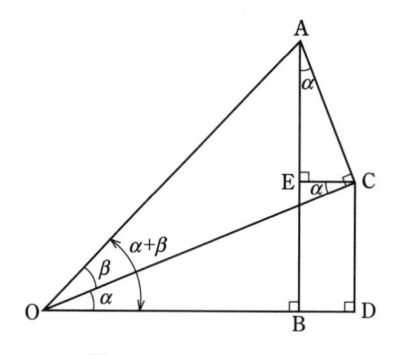

図6.1 加法定理の証明

$$\sin(\alpha+\beta) = \frac{\overline{AB}}{\overline{OA}} = \frac{\overline{AE}+\overline{EB}}{\overline{OA}} = \frac{\overline{AE}+\overline{CD}}{\overline{OA}}$$

$$= \frac{\overline{AE}}{\overline{AC}} \cdot \frac{\overline{AC}}{\overline{OA}} + \frac{\overline{CD}}{\overline{OC}} \cdot \frac{\overline{OC}}{\overline{OA}}$$

$$= \cos\alpha \cdot \sin\beta + \sin\alpha \cdot \cos\beta$$

$$= \sin\alpha\cdot\cos\beta + \cos\alpha\cdot\sin\beta \tag{6.4}$$

また，$\sin(-\beta) = -\sin\beta$，$\cos(-\beta) = \cos\beta$ であるから
式(6.4)の β に $(-\beta)$ を代入すると

$$\sin(\alpha-\beta) = \sin\alpha\cos\beta - \cos\alpha\sin\beta \tag{6.5}$$

正弦の加法定理（式(6.1)）は，式(6.4)と式(6.5)をまとめたものである．同様に，$\cos(\alpha+\beta)$ について考える．

$$\cos(\alpha+\beta) = \frac{\overline{OB}}{\overline{OA}} = \frac{\overline{OD}-\overline{BD}}{\overline{OA}} = \frac{\overline{OD}-\overline{EC}}{\overline{OA}}$$

$$= \frac{\overline{OD}}{\overline{OC}}\cdot\frac{\overline{OC}}{\overline{OA}} - \frac{\overline{EC}}{\overline{AC}}\cdot\frac{\overline{AC}}{\overline{OA}}$$

$$= \cos\alpha\cdot\cos\beta - \sin\alpha\cdot\sin\beta \tag{6.6}$$

式(6.6)の β に $(-\beta)$ を代入すると

$$\cos(\alpha-\beta) = \cos\alpha\cdot\cos\beta + \sin\alpha\cdot\sin\beta \tag{6.7}$$

【例題 6.1】 加法定理を用いて，次の①と②を導きなさい．
① $\sin(90°-\theta) = \cos\theta$ ② $\cos(180°-\theta) = -\cos\theta$

解 答 ① $\sin(90°-\theta) = \sin 90°\cos\theta - \cos 90°\sin\theta = \cos\theta$
② $\cos(180°-\theta) = \cos 180°\cos\theta + \sin 180°\sin\theta = -\cos\theta$

2． 正接の加法定理

正弦と余弦の加法定理を用いると，正接の加法定理を導くことができる．

$$\tan(\alpha+\beta) = \frac{\sin(\alpha+\beta)}{\cos(\alpha+\beta)} = \frac{\sin\alpha\cos\beta + \cos\alpha\sin\beta}{\cos\alpha\cos\beta - \sin\alpha\sin\beta}$$

分子と分母を $\cos\alpha\cos\beta$ で割ると

$$\tan(\alpha+\beta) = \frac{\dfrac{\sin\alpha\cos\beta}{\cos\alpha\cos\beta} + \dfrac{\cos\alpha\sin\beta}{\cos\alpha\cos\beta}}{\dfrac{\cos\alpha\cos\beta}{\cos\alpha\cos\beta} - \dfrac{\sin\alpha\sin\beta}{\cos\alpha\cos\beta}}$$

$$=\frac{\tan\alpha+\tan\beta}{1-\tan\alpha\tan\beta} \tag{6.8}$$

また，$\tan(-\beta)=-\tan\beta$ より

式(6.8)の β に $(-\beta)$ を代入すると

$$\tan(\alpha-\beta)=\frac{\tan\alpha-\tan\beta}{1+\tan\alpha\tan\beta} \tag{6.9}$$

【例題 6.2】 加法定理を用いて，次の式を導きなさい．
$$\tan(180°-\theta)=-\tan\theta$$

解 答 $\tan(180°-\theta)=\dfrac{\tan 180°-\tan\theta}{1+\tan 180°\tan\theta}=-\tan\theta$

演習問題 6.1

1. 次の三角関数の値を求めなさい．ただし，$30°+45°=75°$ であることを考えて加法定理を用いること．

    ① $\sin 75°$ ② $\cos 75°$ ③ $\tan 75°$

2. $\sin\alpha=\dfrac{\sqrt{3}}{2}$，$\cos\beta=\dfrac{1}{\sqrt{2}}$ であるとき，次の値を求めなさい．ただし，$0<\alpha,\ \beta<90°$ であるものとする．

    ① $\sin(\alpha+\beta)$ ② $\cos(\alpha-\beta)$ ③ $\tan(\alpha+\beta)$

3. 次の式を加法定理によって証明しなさい．

    ① $\sin(2\pi-\theta)=-\sin\theta$ ② $\cos\left(\dfrac{\pi}{2}-\theta\right)=\sin\theta$

    ③ $\tan\left(\dfrac{\pi}{2}-\theta\right)=\cot\theta$

4. 図 6.2 に示す △ABC の内角 A，B，C について次式が成立することを加法定理によって証明しなさい．

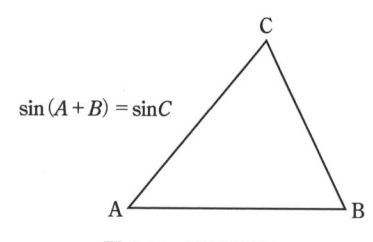

    $\sin(A+B)=\sin C$

    図 6.2 演習問題 4

6-2 三角関数の諸公式

1. 加法定理から導かれる諸公式

加法定理からは，図6.3に示すような諸公式を導くことができる．

```
―― 加法定理 ――
sin(α±β) = sinα cosβ ± cosα sinβ
cos(α±β) = cosα cosβ ∓ sinα sinβ
```

――二項式を単項式に変換する公式――
$A\sin\theta + B\cos\theta = \sqrt{A^2+B^2}\sin(\theta+\phi)$
$A\cos\theta - B\sin\theta = \sqrt{A^2+B^2}\cos(\theta+\phi)$
ただし，$\phi = \tan^{-1}\dfrac{B}{A}$

――二倍角の公式――
$\sin 2\alpha = 2\sin\alpha\cos\alpha$
$\cos 2\alpha = \cos^2\alpha - \sin^2\alpha$

――積を和に変換する公式――
$\sin\alpha\cos\beta = \dfrac{1}{2}\{\sin(\alpha+\beta) + \sin(\alpha-\beta)\}$
$\cos\alpha\sin\beta = \dfrac{1}{2}\{\sin(\alpha+\beta) - \sin(\alpha-\beta)\}$
$\cos\alpha\cos\beta = \dfrac{1}{2}\{\cos(\alpha+\beta) + \cos(\alpha-\beta)\}$
$\sin\alpha\sin\beta = \dfrac{1}{2}\{\cos(\alpha-\beta) - \cos(\alpha+\beta)\}$

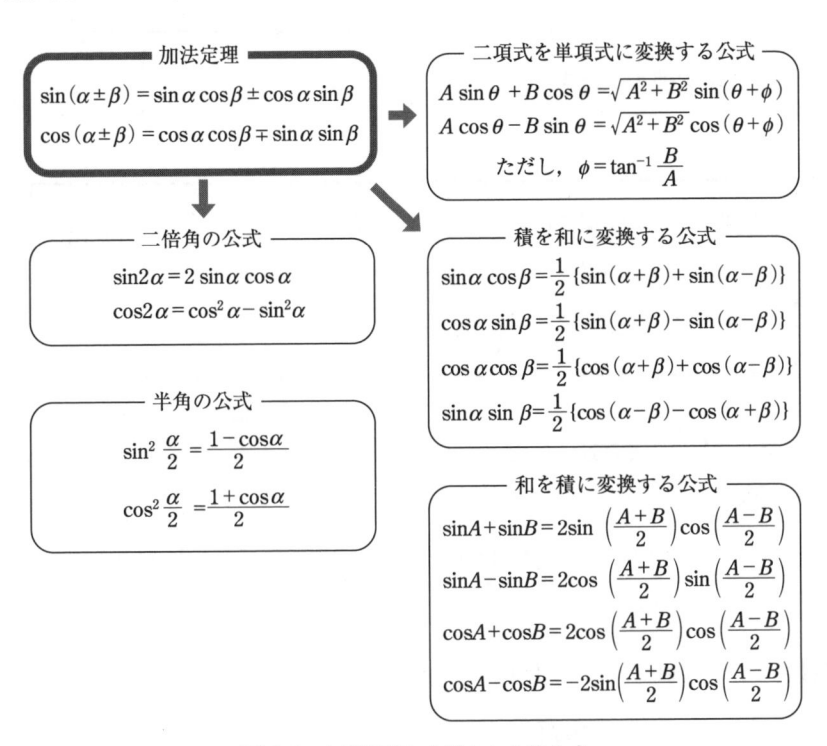

――半角の公式――
$\sin^2\dfrac{\alpha}{2} = \dfrac{1-\cos\alpha}{2}$
$\cos^2\dfrac{\alpha}{2} = \dfrac{1+\cos\alpha}{2}$

――和を積に変換する公式――
$\sin A + \sin B = 2\sin\left(\dfrac{A+B}{2}\right)\cos\left(\dfrac{A-B}{2}\right)$
$\sin A - \sin B = 2\cos\left(\dfrac{A+B}{2}\right)\sin\left(\dfrac{A-B}{2}\right)$
$\cos A + \cos B = 2\cos\left(\dfrac{A+B}{2}\right)\cos\left(\dfrac{A-B}{2}\right)$
$\cos A - \cos B = -2\sin\left(\dfrac{A+B}{2}\right)\sin\left(\dfrac{A-B}{2}\right)$

図6.3 加法定理から導かれる諸公式

2. 二項式を単項式に変換する公式

図6.4に示す三角形において，次式が成立する．

$A = \sqrt{A^2+B^2}\cos\phi$

$B = \sqrt{A^2+B^2}\sin\phi$

したがって，$A\sin\theta + B\cos\theta = \sqrt{A^2+B^2}(\sin\theta\cos\phi + \cos\theta\sin\phi)$

また，正弦の加法定理より，

$$\sin\theta\cos\phi+\cos\theta\sin\phi=\sin(\theta+\phi)$$

よって，$A\sin\theta+B\cos\theta=\sqrt{A^2+B^2}\sin(\theta+\phi)$

同様にして余弦の加法定理を用いれば，$A\cos\theta-B\sin\theta$ の式を導くことができる．これらは，**二項式を単項式に変換する公式**（式(6.10)）とよばれる．

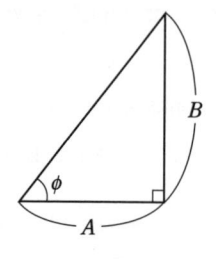

図6.4 $\phi=\tan^{-1}\dfrac{B}{A}$ の三角形

$$\begin{aligned}&A\sin\theta+B\cos\theta=\sqrt{A^2+B^2}\sin(\theta+\phi)\\&A\cos\theta-B\sin\theta=\sqrt{A^2+B^2}\cos(\theta+\phi)\\&\text{ただし，}\phi=\tan^{-1}\dfrac{B}{A}\end{aligned} \quad (6.10)$$

【例題6.3】 次式で表される2つの正弦波交流を合成（加算）した式を求めなさい．

$$e_1=10\sqrt{3}\sin\omega t\ [\text{V}] \qquad e_2=10\sin\left(\omega t+\dfrac{\pi}{2}\right)\ [\text{V}]$$

解 答 $e_2=10\sin\left(\omega t+\dfrac{\pi}{2}\right)=10\cos\omega t$ より，

$$\begin{aligned}e_1+e_2&=10\sqrt{3}\sin\omega t+10\cos\omega t\\&=\sqrt{(10\sqrt{3})^2+10^2}\sin\left(\omega t+\tan^{-1}\dfrac{10}{10\sqrt{3}}\right)\\&=20\sin\left(\omega t+\dfrac{\pi}{6}\right)\ [\text{V}]\end{aligned}$$

3．二倍角の公式

$$\begin{aligned}\sin 2\alpha &= 2\sin\alpha\cos\alpha \\ \cos 2\alpha &= \cos^2\alpha - \sin^2\alpha\end{aligned} \quad (6.11)$$

加法定理において，$\alpha=\beta$ とすれば，直ちに導くことができる．

$$\sin 2\alpha = \sin(\alpha+\alpha) = \sin\alpha\cos\alpha + \cos\alpha\sin\alpha = 2\sin\alpha\cos\alpha$$
$$\cos 2\alpha = \cos(\alpha+\alpha) = \cos\alpha\cos\alpha - \sin\alpha\sin\alpha = \cos^2\alpha - \sin^2\alpha$$

【例題 6.4】 二倍角の公式を用いて，次の三角関数の値を求めなさい．
① $\sin 120°$ ② $\cos 120°$

解 答
$$\sin 120° = \sin(2\times 60°) = 2\sin 60°\cos 60° = 2\cdot\frac{\sqrt{3}}{2}\cdot\frac{1}{2} \fallingdotseq 0.866$$
$$\cos 120° = \cos(2\times 60°) = \cos^2 60° - \sin^2 60°$$
$$= \left(\frac{1}{2}\right)^2 - \left(\frac{\sqrt{3}}{2}\right)^2 \fallingdotseq -0.5$$

4．半角の公式

$$\begin{aligned}\sin^2\frac{\alpha}{2} &= \frac{1-\cos\alpha}{2} \\ \cos^2\frac{\alpha}{2} &= \frac{1+\cos\alpha}{2}\end{aligned} \quad (6.12)$$

余弦の二倍角の公式と，$\sin^2\theta + \cos^2\theta = 1$ から，
$$\cos 2\alpha = \cos^2\alpha - \sin^2\alpha = (1-\sin^2\alpha) - \sin^2\alpha = 1 - 2\sin^2\alpha$$
$$\sin^2\alpha = \frac{1-\cos 2\alpha}{2}$$

あらためて，α を $\dfrac{\alpha}{2}$ と置きかえると，

$$\sin^2 \dfrac{\alpha}{2} = \dfrac{1-\cos \alpha}{2}$$

また，$\cos 2\alpha = \cos^2 \alpha - \sin^2 \alpha = \cos^2 \alpha - (1-\cos^2 \alpha) = 2\cos^2 \alpha - 1$ より，同様にして余弦の半角の公式を導くことができる．

【例題6.5】 半角の公式を用いて，次の三角関数の値を求めなさい．
① $\sin 15°$ ② $\cos 22.5°$

解答 ① $\sin 15° = \sin \dfrac{30°}{2} = \sqrt{\dfrac{1-\cos 30°}{2}} \fallingdotseq 0.259$

② $\cos 22.5° = \cos \dfrac{45°}{2} = \sqrt{\dfrac{1+\cos 45°}{2}} \fallingdotseq 0.924$

5．積を和に変換する公式

$$\begin{aligned}
\sin \alpha \cos \beta &= \dfrac{1}{2}\{\sin(\alpha+\beta)+\sin(\alpha-\beta)\} \\
\cos \alpha \sin \beta &= \dfrac{1}{2}\{\sin(\alpha+\beta)-\sin(\alpha-\beta)\} \\
\cos \alpha \cos \beta &= \dfrac{1}{2}\{\cos(\alpha+\beta)+\cos(\alpha-\beta)\} \\
\sin \alpha \sin \beta &= \dfrac{1}{2}\{\cos(\alpha-\beta)-\cos(\alpha+\beta)\}
\end{aligned} \quad (6.13)$$

式(6.14)～式(6.17)は，正弦と余弦の加法定理である．

$$\sin(\alpha+\beta) = \sin \alpha \cos \beta + \cos \alpha \sin \beta \quad (6.14)$$
$$\sin(\alpha-\beta) = \sin \alpha \cos \beta - \cos \alpha \sin \beta \quad (6.15)$$
$$\cos(\alpha+\beta) = \cos \alpha \cos \beta - \sin \alpha \sin \beta \quad (6.16)$$

$$\cos(\alpha-\beta)=\cos\alpha\cos\beta+\sin\alpha\sin\beta \tag{6.17}$$

式(6.14)+式(6.15) より，式(6.13)の初めの式が得られる．
$$\sin(\alpha+\beta)+\sin(\alpha-\beta)=2\sin\alpha\cos\beta$$
$$\sin\alpha\cos\beta=\frac{1}{2}\{\sin(\alpha+\beta)+\sin(\alpha-\beta)\}$$

式(6.14)−式(6.15) より，
$$\sin(\alpha+\beta)-\sin(\alpha-\beta)=2\cos\alpha\sin\beta$$
$$\cos\alpha\sin\beta=\frac{1}{2}\{\sin(\alpha+\beta)-\sin(\alpha-\beta)\}$$

式(6.16)+式(6.17) より，
$$\cos(\alpha+\beta)+\cos(\alpha-\beta)=2\cos\alpha\cos\beta$$
$$\cos\alpha\cos\beta=\frac{1}{2}\{\cos(\alpha+\beta)+\cos(\alpha-\beta)\}$$

式(6.16)−式(6.17) より，
$$\cos(\alpha+\beta)-\cos(\alpha-\beta)=-2\sin\alpha\sin\beta$$
$$\sin\alpha\sin\beta=\frac{1}{2}\{\cos(\alpha-\beta)-\cos(\alpha+\beta)\}$$

【例題 6.6】 つぎの三角関数の式を和の形に変形しなさい．
$$y=\cos 2\theta \sin 3\theta$$

解 答
$$y=\frac{1}{2}\{\sin(2\theta+3\theta)-\sin(2\theta-3\theta)\}=\frac{1}{2}(\sin 5\theta+\sin\theta)$$

6. 和を積に変換する公式

$$\sin A + \sin B = 2\sin\left(\frac{A+B}{2}\right)\cos\left(\frac{A-B}{2}\right)$$

$$\sin A - \sin B = 2\cos\left(\frac{A+B}{2}\right)\sin\left(\frac{A-B}{2}\right)$$

$$\cos A + \cos B = 2\cos\left(\frac{A+B}{2}\right)\cos\left(\frac{A-B}{2}\right) \quad (6.18)$$

$$\cos A - \cos B = -2\sin\left(\frac{A+B}{2}\right)\sin\left(\frac{A-B}{2}\right)$$

$A = \alpha + \beta$, $B = \alpha - \beta$ とおけば，

$$A + B = 2\alpha \text{ より，} \alpha = \frac{A+B}{2}$$

$$A - B = 2\beta \text{ より，} \beta = \frac{A-B}{2}$$

この α, β の式を積を和に変換する公式(6.13)の最初の式に代入すると，

$$\sin\left(\frac{A+B}{2}\right)\cos\left(\frac{A-B}{2}\right) = \frac{1}{2}(\sin A + \sin B)$$

$$\sin A + \sin B = 2\sin\left(\frac{A+B}{2}\right)\cos\left(\frac{A-B}{2}\right)$$

同様に，α, β の式を式(6.13)の各式に順次代入していくと，式(6.18)を得ることができる．

【例題 6.7】 つぎの三角関数の式を積の形に変形して表しなさい．

$$y = \sin 3\theta + \sin 5\theta$$

解答

$$y = 2\sin\left(\frac{3\theta + 5\theta}{2}\right)\cos\left(\frac{3\theta - 5\theta}{2}\right) = 2\sin 4\theta \cos\theta$$

演習問題 6.2

1. 次の式は，正接の二倍角の公式である．この公式を，加法定理を用いて導きなさい．

$$\tan 2\alpha = \frac{2\tan\alpha}{1-\tan^2\alpha}$$

2. 次の式は，正接の半角の公式である．この公式を，正弦と余弦の半角の公式を用いて導きなさい．

$$\tan^2\frac{\alpha}{2} = \frac{1-\cos\alpha}{1+\cos\alpha}$$

3. 次の三角関数の値を求めなさい．ただし，$\sin\theta = 0.6$，$0 < \theta < \frac{\pi}{2}$ とする．

   ① $\sin 2\theta$ ② $\cos 2\theta$ ③ $\tan 2\theta$

4. 次の三角関数の値を求めなさい．ただし，$\sin\theta = 0.8$，$0 < \theta < \frac{\pi}{2}$ とする．

   ① $\sin^2\frac{\theta}{2}$ ② $\cos^2\frac{\theta}{2}$ ③ $\tan^2\frac{\theta}{2}$

5. 次式で表される2つの正弦波交流について答えなさい．ただし，$0 \leqq \omega t < 2\pi$ とする．

$$e_1 = \sqrt{3}\sin\omega t \ [\text{V}] \qquad e_2 = \sin\left(\omega t + \frac{\pi}{2}\right) \ [\text{V}]$$

   ① e_1 と e_2 を合成（加算）した式を求めなさい．

   ② 合成した正弦波交流において，電圧の最大値と最小値を求めなさい．

章末問題6

1. 次の三角関数の値を求めなさい．ただし，$60°+45°=105°$ であることを考えて加法定理を用いること．
   ① $\sin 105°$　　② $\cos 105°$　　③ $\tan 105°$

2. 図6.5に示す正弦波交流 e_1 と e_2 を合成した式 (e_1+e_2) を示しなさい．

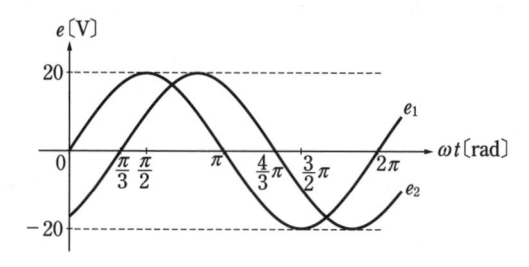

図6.5　章末問題2

3. 次の式について答えなさい．ただし，$0 \leq \omega t < \dfrac{\pi}{2}$ とする．
   $$y = \sin \omega t + \cos \omega t$$
   ① sin関数だけの式に変形しなさい．
   ② cos関数だけの式に変形しなさい．
   ③ $y=0.5$ であるとき，$\sin \omega t \cos \omega t$ の値を求めなさい．

4. 次の式において，y の最大値と最小値を求めなさい．ただし，$0 \leq \omega t < 2\pi$ とする．
   $$y = 4\sin \omega t + \cos 2\omega t + 1$$

5. 次の式は，二項式を単項式に変換する公式である．この公式を，加法定理を用いて導きなさい．
   $$A\cos\theta - B\sin\theta = \sqrt{A^2+B^2}\cos(\theta+\phi)$$
   ただし，$\phi = \tan^{-1}\dfrac{B}{A}$

6. 次の式は，三倍角の公式と呼ばれる．この公式を，二倍角の公式を用いて導きなさい．
   $$\sin 3\theta = 3\sin\theta - 4\sin^3\theta$$

第7章　複素数の基本

　交流回路の計算においては，三角関数で表示された正弦波交流などをそのまま使用すると計算が非常に面倒なものとなってしまう．この問題を解決するために，アメリカの電気技術者スタインメッツ（Steinmetz）は，複素数の考え方を導入した．複素数を用いた計算方法は，記号法ともよばれる．この章では，複素数の表し方や，記号法による基本的な計算方法について学ぶ．

〈Keywords〉　実数，虚数，虚数単位，記号法，複素数，複素数の絶対値，複素平面，ベクトル，偏角，直交座標表示，三角関数表示，指数関数表示，極座標表示，共役複素数

7-1 複素数とは

1. 虚数単位

実数(有理数,無理数)とは異なる数(虚数)を定義するために,平方(2乗)を計算すると-1になるjを考える.つまり,$j^2=-1$が成立するときは,$j=\sqrt{-1}$となり,このjは実数には該当しない.ここで,jを**虚数単位**(imaginary unit)とよぶ.数学の分野で虚数単位を表す場合は英語の頭文字であるiを用いるが,電気の分野では電流を表すiとの混同を避けるためにjを使用することが多い.

また,式(7.1)で表されるように,実部aと虚部bをあわせもつ式$\dot{z}$を**複素数**(complex number)という.複素数であることを明示的にするためには,$\dot{z}$のように記号の上部にドットを付加する.

$$\dot{z}=a+jb \qquad (7.1)$$

式(7.1)は,$a=b=0$のときのみ$\dot{z}=0$となり,$a=0$,$b=1$のときは$\dot{z}=j$,$a=0$,$b=-1$のときは$\dot{z}=-j$となる.また,$a_1=a_2$かつ$b_1=b_2$のときのみ$a_1+jb_1=a_2+jb_2$が成立する.

【例題7.1】 次の虚数単位の計算をしなさい.

① j^3 ② j^4 ③ $\dfrac{1}{j^2}$ ④ $\dfrac{1}{j}$ ⑤ j^{-3}

解答
① $j^3=j\times j^2=j\times(-1)=-j$
② $j^4=j^2\times j^2=(-1)\times(-1)=1$
③ $\dfrac{1}{j^2}=\dfrac{1}{-1}=-1$
④ $\dfrac{1}{j}=\dfrac{1}{j}\times\dfrac{j}{j}=\dfrac{j}{j^2}=\dfrac{j}{-1}=-j$

⑤ $j^{-3} = \dfrac{1}{j^3} = \dfrac{1}{j^2 \times j} = \dfrac{1}{(-1) \times j} = -\dfrac{1}{j} = -\dfrac{1}{j} \times \dfrac{j}{j} = -\dfrac{j}{j^2} = -\dfrac{j}{-1} = j$

2. 複素数とベクトル

図7.1(a)に示すように，複素数 $\dot{z} = a + jb$ は，横に実軸，縦に虚軸をとった**複素平面**に表示することができる．また，この図において，**大きさ**を z (または，絶対値といい $|\dot{z}|$ で表す)，**偏角**（位相角）を θ と考えれば，図7.1(b)に示すように，原点 O を始点とする**ベクトル**（vector）としてとらえることができる．ベクトルとは，大きさと向きを持った量であり $\vec{z}$ のように表す．一方，大きさだけを持った量は，**スカラ**（scalar）とよばれる．

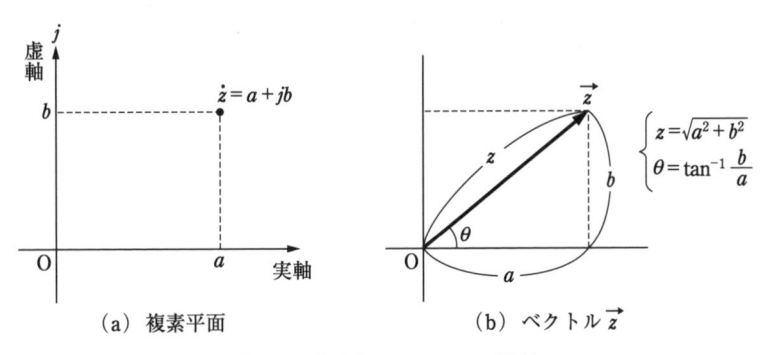

図7.1 複素数とベクトルの関係

（a）複素平面　　（b）ベクトル $\vec{z}$

$\begin{cases} z = \sqrt{a^2 + b^2} \\ \theta = \tan^{-1} \dfrac{b}{a} \end{cases}$

【例題7.2】 次の複素数の大きさと偏角〔°〕を求めなさい．
　① $\dot{z} = 3 + j4$　　② $\dot{z} = 10 - j8$

解答　① $z = \sqrt{3^2 + 4^2} = 5$，$\theta = \tan^{-1} \dfrac{4}{3} \fallingdotseq 53.1°$

② $z = \sqrt{10^2 + 8^2} \fallingdotseq 12.8$，$\theta = \tan^{-1} \dfrac{-8}{10} \fallingdotseq -38.7°$

3. 複素数の表し方

複素数を表すには，次の4種類の表示方法がある．

・**直交座標表示**

図7.1(a)に示したように，複素数 $\dot{z}=a+jb$ を直交座標軸で表した複素平面に表示する方法である．この場合の複素数を表す式は，式(7.2)のようになる．

$$\text{直交座標表示} \quad \dot{z}=a+jb \tag{7.2}$$

・**三角関数表示**

図7.2に示すように，複素平面での三角形を考え，辺 a と辺 b を三角関数により表示する方法である．この場合の複素数を表す式は，式(7.3)のようになる．

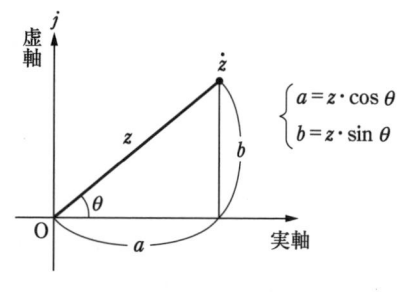

図7.2 三角関数表示

$$\text{三角関数表示} \quad \dot{z}=z(\cos\theta+j\sin\theta) \tag{7.3}$$

・**指数関数表示**

式(7.4)と式(7.5)は，マクローリン展開式とよばれる．

$$\varepsilon^{j\theta}=1+j\theta-\frac{\theta^2}{2!}-j\frac{\theta^3}{3!}+\frac{\theta^4}{4!}+j\frac{\theta^5}{5!}-\cdots \tag{7.4}$$

$$\sin\theta=\theta-\frac{\theta^3}{3!}+\frac{\theta^5}{5!}-\frac{\theta^7}{7!}+\cdots$$
$$\cos\theta=1-\frac{\theta^2}{2!}+\frac{\theta^4}{4!}-\frac{\theta^6}{6!}+\cdots \tag{7.5}$$

自然対数の底についてのマクローリン展開式(7.4)を変形すると，式(7.6)が得られる．

$$\varepsilon^{j\theta}=\left(1-\frac{\theta^2}{2!}+\frac{\theta^4}{4!}-\cdots\right)+j\left(\theta-\frac{\theta^3}{3!}+\frac{\theta^5}{5!}-\cdots\right) \tag{7.6}$$

この式に，式(7.5)を代入すると，式(7.7)が得られる．式(7.7)は，**オイラーの公式**とよばれる．

$$\varepsilon^{j\theta}=\cos\theta+j\sin\theta \tag{7.7}$$

式(7.7)と，式(7.3)から，複素数の指数関数表示の式(7.8)が得られる．

$$\text{指数関数表示}\quad \dot{z}=z\cdot\varepsilon^{j\theta} \tag{7.8}$$

・極座標表示

式(7.8)は，式(7.9)のように表記することもある．これを，**極座標表示**という．

$$\text{極座標表示}\quad \dot{z}=z\angle\theta \tag{7.9}$$

【例題 7.3】 $\dot{z}=4+j3$ を三角関数表示と指数関数表示で表しなさい．ただし，偏角 θ の単位は〔°〕を使用すること．

解 答 $\dot{z}=4+j3$ より

$$z=\sqrt{4^2+3^2}=5$$

$$\theta=\tan^{-1}\frac{3}{4}\fallingdotseq 36.9°$$

よって，三角関数表示は，$\dot{z}=5(\cos 36.9°+j\sin 36.9°)$

指数関数表示は，$\dot{z}=5\varepsilon^{j36.9°}$

演習問題 7.1

1. 図 7.3 に示す複素平面上の複素数 $\dot{z}$ を次の各種の形式で表しなさい．ただし，偏角 θ の単位は〔°〕を使用すること．
   ① 直交座標表示
   ② 三角関数表示
   ③ 指数関数表示
   ④ 極座標表示

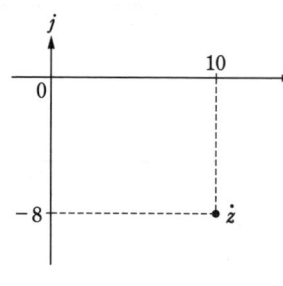

   図 7.3 演習問題 1

2. 次の複素数を三角関数表示で表しなさい．ただし，偏角 θ の単位は〔rad〕を使用すること．
   ① $\dot{z}=6+j15$ ② $\dot{z}=-2-j3$

3. 次の複素数を極座標表示で表しなさい．ただし，偏角 θ の単位は〔rad〕を使用すること．
   ① $\dot{z}=-12+j9$ ② $\dot{z}=5-j20$

7-2 複素数の計算

1. 複素数の加算と減算

・加算

2つの複素数 $\dot{z}_1 = a_1 + jb_1$, $\dot{z}_2 = a_2 + jb_2$ の加算 $\dot{z}_1 + \dot{z}_2$ は次のように計算できる。

$$\dot{z} = \dot{z}_1 + \dot{z}_2 = (a_1 + jb_1) + (a_2 + jb_2) = (a_1 + a_2) + j(b_1 + b_2)$$

つまり，2つの複素数のうち，実数部同士と虚数部同士を加算すればよい。このことは，図7.4に示すように，複素平面上のベクトルで構成される平行四辺形によって表すことができる。また，$\dot{z}$ の大きさ z と偏角 θ は，式(7.10)のように計算できる。

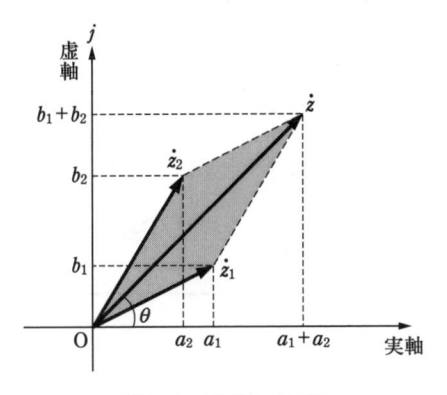

図7.4 複素数の加算

$$\begin{aligned} z &= \sqrt{(a_1+a_2)^2 + (b_1+b_2)^2} \\ \theta &= \tan^{-1} \frac{b_1+b_2}{a_1+a_2} \end{aligned} \quad (7.10)$$

・減算

2つの複素数 $\dot{z}_1 = a_1 + jb_1$, $\dot{z}_2 = a_2 + jb_2$ の減算 $\dot{z}_1 - \dot{z}_2$ は次のように計算できる。

$$\dot{z} = \dot{z}_1 - \dot{z}_2 = (a_1 + jb_1) - (a_2 + jb_2) = (a_1 - a_2) + j(b_1 - b_2)$$

つまり，2つの複素数のうち，実数部同士と虚数部同士を減算すればよい．このことは，図7.5に示すように，複素平面上のベクトルで構成される平行四辺形によって表すことができる．また，$\dot{z}$ の大きさ z と偏角 θ は，式(7.11)のように計算できる．

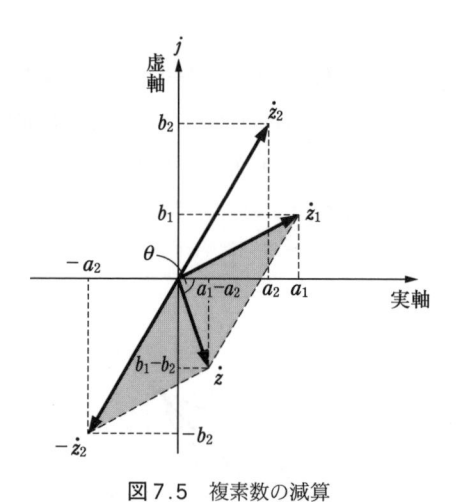

図7.5 複素数の減算

$$\begin{aligned}z &= \sqrt{(a_1 - a_2)^2 + (b_1 - b_2)^2} \\ \theta &= \tan^{-1} \frac{b_1 - b_2}{a_1 - a_2}\end{aligned} \quad (7.11)$$

【例題7.4】 次の2つの複素数について①〜③に答えなさい．

$$\dot{z}_1 = -2 + j7 \qquad \dot{z}_2 = 8 - j9$$

① $\dot{z}_1$ と $\dot{z}_2$ の和 $\dot{z}$ を計算しなさい．

② $\dot{z}$ の大きさ z と偏角 θ を計算しなさい．ただし，θ の単位には〔°〕を使用すること．

③ $\dot{z}_1$，$\dot{z}_2$，$\dot{z}$ を複素平面にベクトルとして図示しなさい．

解答 ① $\dot{z} = \dot{z}_1 + \dot{z}_2 = (-2+8) + j(7-9) = 6 - j2$

② $z = \sqrt{6^2 + 2^2} \fallingdotseq 6.32$

$\theta = \tan^{-1}\dfrac{-2}{6} = -18.43°$

③

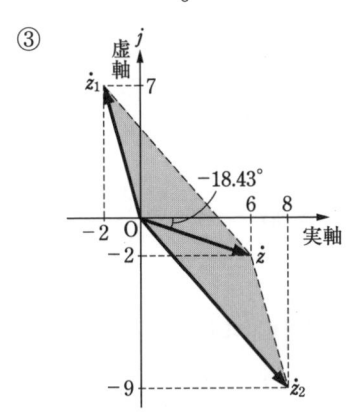

図7.6　$\dot{z}_1, \dot{z}_2, \dot{z}$ のベクトル図

2. 複素数の乗算と除算

・乗算

乗算や除算では，指数関数表示を使用すると計算が簡単に行える．2つの複素数 $\dot{z}_1 = z_1 \varepsilon^{j\theta_1}$，$\dot{z}_2 = z_2 \varepsilon^{j\theta_2}$ の乗算 $\dot{z}_1 \times \dot{z}_2$ は次のように計算できる．

$$\dot{z} = \dot{z}_1 \times \dot{z}_2 = z_1 \varepsilon^{j\theta_1} \times z_2 \varepsilon^{j\theta_2} = z_1 z_2 \varepsilon^{j\theta_1 + j\theta_2} = z_1 z_2 \varepsilon^{j(\theta_1 + \theta_2)}$$

つまり，式(7.12)に示すように，乗算後の大きさ z はもとの複素数の大きさ z_1, z_2 の積とし，偏角 θ はもとの偏角 θ_1, θ_2 の和とすればよい．

$$\begin{aligned} z &= z_1 \cdot z_2 \\ \theta &= \theta_1 + \theta_2 \end{aligned} \tag{7.12}$$

これを複素平面上のベクトルで表すと図7.7のようになる．

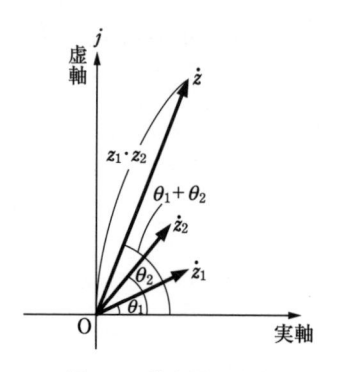

図 7.7　複素数の乗算

・除算

2つの複素数 $\dot{z}_1 = z_1 \varepsilon^{j\theta_1}$, $\dot{z}_2 = z_2 \varepsilon^{j\theta_2}$ の除算 $\dot{z}_1 \div \dot{z}_2$ は次のように計算できる.

$$\dot{z} = \dot{z}_1 \div \dot{z}_2 = z_1 \varepsilon^{j\theta_1} \div z_2 \varepsilon^{j\theta_2} = \frac{z_1}{z_2} \varepsilon^{j\theta_1 - j\theta_2} = \frac{z_1}{z_2} \varepsilon^{j(\theta_1 - \theta_2)}$$

つまり，式(7.13)に示すように，除算後の大きさ z はもとの複素数の大きさ z_1, z_2 の商とし，偏角 θ はもとの偏角 θ_1, θ_2 の差とすればよい．これを複素平面上のベクトルで表すと図7.8のようになる．

$$\begin{aligned} z &= \frac{z_2}{z_1} \\ \theta &= \theta_1 - \theta_2 \end{aligned} \tag{7.13}$$

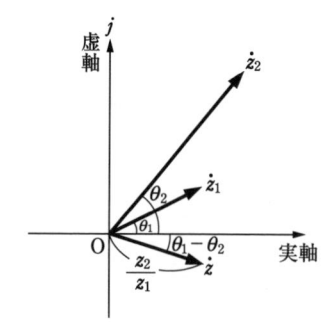

図 7.8　複素数の除算

【例題 7.5】 次の 2 つの複素数について①～③に答えなさい．
$$\dot{z}_1 = 4\varepsilon^{j30°} \qquad \dot{z}_2 = 3\varepsilon^{j45°}$$

① $\dot{z}_1$ と $\dot{z}_2$ の積 $\dot{z}$ を計算しなさい．

② $\dot{z}$ の大きさ z と偏角 θ を計算しなさい．ただし，θ の単位には〔°〕を使用すること．

③ $\dot{z}_1$, $\dot{z}_2$, $\dot{z}$ を複素平面にベクトルとして図示しなさい．

解答

① $\dot{z} = \dot{z}_1 \times \dot{z}_2 = 4\varepsilon^{j30°} + 3\varepsilon^{j45°} = (4 \times 3)\varepsilon^{j(30°+45°)} = 12\varepsilon^{j75°}$

② $z = z_1 \times z_2 = 4 \times 3 = 12$
$\theta = \theta_1 + \theta_2 = 30° + 45° = 75°$

③

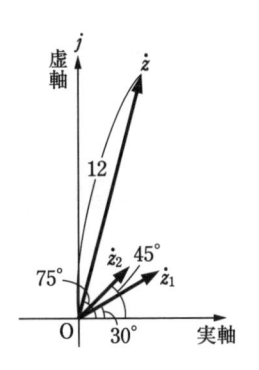

【例題 7.6】 次の 2 つの複素数の除算と乗算を計算しなさい．
$$\dot{z}_1 = 2 - j3 \qquad \dot{z}_2 = 4 + j5$$

解答

$\dot{z}_1 \times \dot{z}_2 = (2-j3)(4+j5) = 8 + j10 - j12 - j^2 15 = 23 - j2$

$\dot{z}_1 \div \dot{z}_2 = \dfrac{2-j3}{4+j5} = \dfrac{(2-j3)(4-j5)}{(4+j5)(4-j5)} = \dfrac{8-j10-j12+j^2 15}{4^2+5^2}$

$= \dfrac{-7-j22}{41} \fallingdotseq -0.17 - j0.54$

例題 7.6 のように，直交座標表示の複素数の計算は，指数関数表示に比べて面倒になる．また，除算の際，分母の虚数単位 j を消すために分母と分子に掛けた $(4-j5)$ は，$4+j5$ の **共役複素数** という．共役複素数は，図 7.9 に示すように，複素数 $\dot{z}=a+jb$ の虚部の符号を反転させたものである．

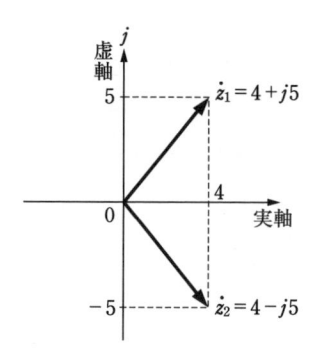

図 7.9 共役複素数の例

演習問題 7.2

1. 次に示す 2 つの複素数の加算と減算を計算しなさい．

    $\dot{z}_1=-6+j7 \qquad \dot{z}_2=5-j2$

2. 次に示す 2 つの複素数の乗算を計算しなさい．

    $\dot{z}_1=4-j \qquad \dot{z}_2=2+j7$

3. 次に示す 2 つの複素数の乗算と除算を計算しなさい．

    $\dot{z}_1=4\varepsilon^{j\frac{\pi}{3}} \qquad \dot{z}_2=0.5\varepsilon^{j\frac{\pi}{4}}$

4. 次に示す複素数の共役複素数を答えなさい．

    ①　$\dot{z}=-2-j3$　　②　$\dot{z}=10\varepsilon^{j\frac{\pi}{3}}$

章末問題 7

1. 次の表の空欄①〜⑥を埋めて，表を完成しなさい．ただし，θ の単位には〔rad〕を使用すること．

直交座標表示	三角関数表示	指数関数表示	極座標表示
$1+j$	①	②	③
④	⑤	$2\varepsilon^{j\frac{\pi}{6}}$	⑥

2. 次の複素数の大きさと偏角〔°〕を求めなさい．
   ① $\dot{z}=-7+j5$　　② $\dot{z}=11-j18$　　③ $\dot{z}=14\varepsilon^{-j30°}$
   ④ $\dot{z}=23\angle 0.5\pi$　　⑤ $20(\cos 30°+j\sin 30°)$

3. 図 7.10 に示すベクトル $\vec{A}$ から $\vec{D}$ に対応する複素数は，次の①〜④のうちどれか答えなさい．
   ① $6+j2$
   ② $3+j3$
   ③ $\vec{A}+\vec{C}$
   ④ $\vec{C}-\vec{A}$

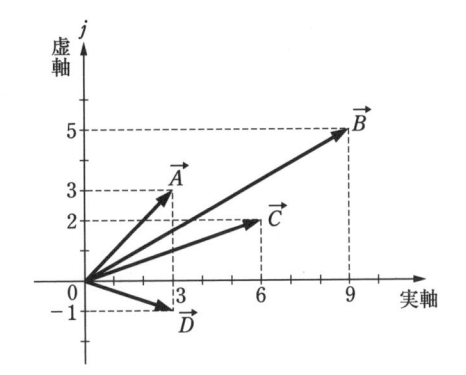

   図 7.10　ベクトル図

4. 2つの複素数，$\dot{z}_1=-7+j5$，$\dot{z}_2=11-j18$ について，次の計算をしなさい．
   ① $\dot{z}_1+\dot{z}_2$　　② $\dot{z}_1-\dot{z}_2$　　③ $\dot{z}_1\times\dot{z}_2$　　④ $\dot{z}_1\div\dot{z}_2$

5. 2つの複素数，$\dot{z}_1=6\varepsilon^{j20°}$，$\dot{z}_2=4\varepsilon^{-j30°}$ について，次の計算をしなさい．
   ① $\dot{z}_1\times\dot{z}_2$　　② $\dot{z}_1\div\dot{z}_2$

6. 次の複素数の計算をしなさい．
   ① $\dfrac{(2-j)(4+j2)}{j(10+j5)}$　　② $\dfrac{6+j5}{-5j}\div\dfrac{7-j}{-6j}$

第8章　複素数の応用

　電気回路の計算は，複素数を用いた記号法を使用すると簡単に行える場合が多い．この章では，前章で学んだ複素数の基本的事項を土台にして，複素数を用いた各種の電気回路の計算方法について学ぶ．はじめに，正弦波交流やインピーダンスの複素数表示について解説する．その後，回路の合成インピーダンスや回路に流れる電流，共振周波数を求める式の導出や計算問題が解けるように学習されたい．

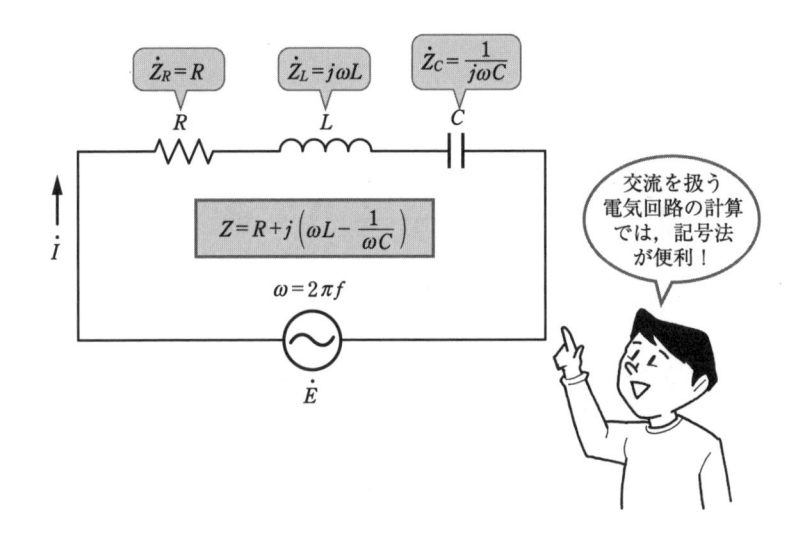

$\dot{Z}_R = R$　　$\dot{Z}_L = j\omega L$　　$\dot{Z}_C = \dfrac{1}{j\omega C}$

$$Z = R + j\left(\omega L - \dfrac{1}{\omega C}\right)$$

$\omega = 2\pi f$

交流を扱う電気回路の計算では，記号法が便利！

〈Keywords〉　正弦波交流，インピーダンス，インピーダンス角，抵抗，コイル，コンデンサ，同相，遅れ位相，進み位相，リアクタンス，合成インピーダンス，直列回路，並列回路，直並列回路，共振，共振周波数

8-1 複素数と交流回路

1. 正弦波交流の表し方

正弦波交流の瞬時値は，sin 関数を用いて表せることは，70ページで学んだ．電圧 e の瞬時値は，瞬時値の最大値を V_m，位相差を θ としたとき，式(8.1)のように表すことができる．

$$e = V_m \sin(\omega t + \theta) \tag{8.1}$$

図8.1に，式(8.1)の波形とそれに対応するベクトルを示す．

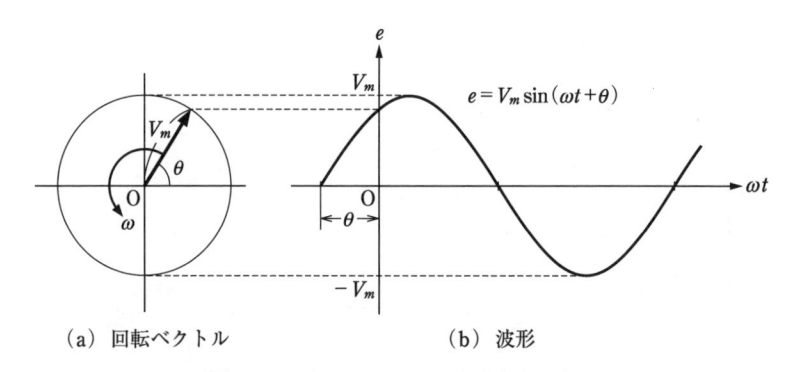

(a) 回転ベクトル (b) 波形

図8.1 回転ベクトルと正弦波交流の波形

図8.1(a)に示したベクトルは，反時計方向に角速度 ω で回転するため，**回転ベクトル**とよばれる．ここで，時刻 $t=0$ のときを考えると，回転ベクトルは図8.2に示すように静止しているベクトルとなる．この静止ベクトルを複素数表示して正弦波交流を表すことができる．ただし，正弦波交流の大きさは，最大値 V_m を $\sqrt{2}$ で除した値である実効値 V を使用する（式(8.2))．

$$V = \frac{V_m}{\sqrt{2}} \tag{8.2}$$

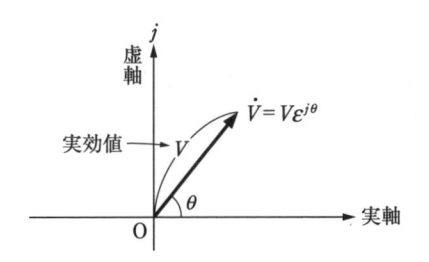

図8.2 正弦波交流の複素数表示

正弦波交流では，電圧 e と同様に，電流 i の瞬時値を表す式を定義することができる（式(8.3)）．

$$i = I_m \sin(\omega t + \theta) \tag{8.3}$$

したがって，正弦波交流の瞬時値を式(8.4)のように複素数表示できる．ただし，V, I は，それぞれ電圧と電流の実効値である．

$$\begin{aligned}\dot{V} &= \frac{V_m}{\sqrt{2}} \sin(\omega t + \theta) = V \angle \theta \\ \dot{I} &= \frac{I_m}{\sqrt{2}} \sin(\omega t + \theta) = I \angle \theta\end{aligned} \tag{8.4}$$

【例題8.1】 次に示す交流の式を，三角関数表示と直交座標表示の複素数で表しなさい．

① $e = 100\sqrt{2} \sin \omega t$ ② $e = 20\sqrt{2} \sin(\omega t + 60°)$

解答 ① $\dot{V} = 100(\cos 0° + j \sin 0°) = 100$

② $\dot{V} = 20(\cos 60° + j \sin 60°) = 20\left(\frac{1}{2} + j\frac{\sqrt{3}}{2}\right) = 10 + j10\sqrt{3}$

2. インピーダンスの表し方

電圧 $\dot{V}$ [V] と電流 $\dot{I}$ [A] の比を**インピーダンス**といい $\dot{Z}$ [Ω] で表す．また，例えばインピーダンスが，$\dot{Z}=Z\angle\theta$ と表されている際の Z [Ω] をインピーダンスの**大きさ**（または絶対値），θ (rad または，°) を**インピーダンス角**という．

・抵抗だけの回路

図 8.3 に示すような抵抗 R だけの回路では，$\dot{I}$ と $\dot{V}$ の波形は同相となり，$\dot{Z}_R$ は式 (8.5) のように表すことができる．ただし，I, V は実効値の大きさを示している．

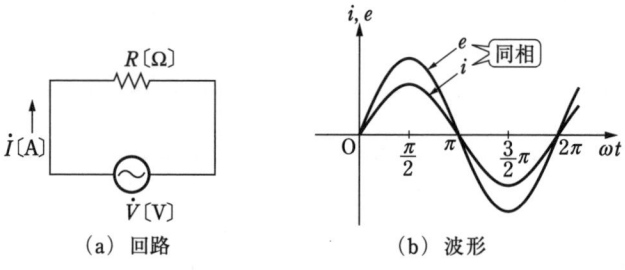

(a) 回路　　　　(b) 波形

図 8.3　抵抗だけの回路

$$\dot{Z}_R = \frac{\dot{V}}{\dot{I}} = \frac{V\angle 0}{I\angle 0} = \frac{V}{I} = R \tag{8.5}$$

・コイルだけの回路

図 8.4 に示すようなコイル L だけの回路では，$\dot{I}$ の波形は，$\dot{V}$ より $\frac{\pi}{2}$ [rad] 遅れ位相となり，$\dot{Z}_L$ は式 (8.6) のように表すことができる．

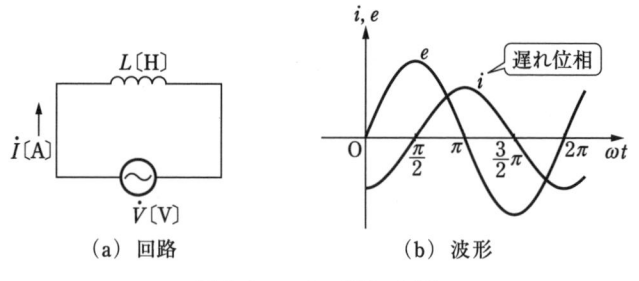

(a) 回路　　　　(b) 波形

図 8.4　コイルだけの回路

$$\dot{V} = V\angle 0$$
$$\dot{I} = \frac{V}{\omega L} \angle -\frac{\pi}{2} = \frac{V\angle 0}{\omega L \angle \frac{\pi}{2}} = \frac{V\angle 0}{j\omega L}$$
$$\dot{Z}_L = \frac{\dot{V}}{\dot{I}} = V\angle 0 \times \frac{j\omega L}{V\angle 0} = j\omega L \tag{8.6}$$

・コンデンサだけの回路

図8.5に示すようなコンデンサ C だけの回路では，$\dot{I}$ の波形は，$\dot{V}$ より $\frac{\pi}{2}$ [rad] 進み位相となり，$\dot{Z}_C$ は式(8.7)のように表すことができる．

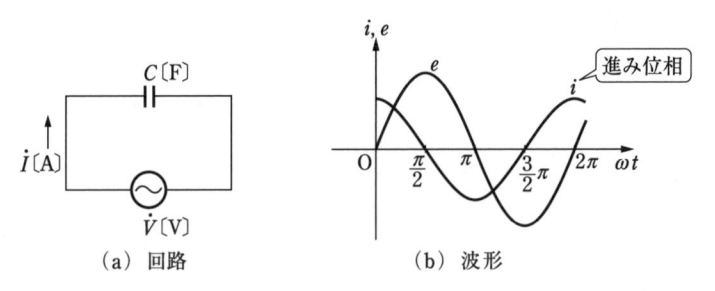

図8.5 コンデンサだけの回路

$$\dot{V} = V\angle 0$$
$$\dot{I} = \omega CV \angle \frac{\pi}{2} = V\angle 0 \times \omega C \angle \frac{\pi}{2} = V\angle 0 \times j\omega C$$
$$\dot{Z}_C = \frac{\dot{V}}{\dot{I}} = \frac{V\angle 0}{V\angle 0 \times j\omega C} = \frac{1}{j\omega C} = -j\frac{1}{\omega C} \tag{8.7}$$

インピーダンスの虚部，すなわち式(8.6)や式(8.7)の ωL，$\frac{1}{\omega C}$ を，**リアクタンス**といい，それぞれ X_L，X_C と表す．

【例題 8.2】 次に示す回路の合成インピーダンスを直交座標表示の複素数で示しなさい．また，インピーダンスの大きさを計算しなさい．

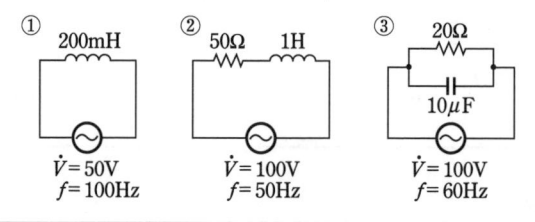

① 200mH, $\dot{V}=50\text{V}$, $f=100\text{Hz}$

② 50Ω, 1H, $\dot{V}=100\text{V}$, $f=50\text{Hz}$

③ 20Ω と 10μF の並列, $\dot{V}=100\text{V}$, $f=60\text{Hz}$

解 答

① $\omega = 2\pi f = 2\pi \times 100 = 200\pi$

$\dot{Z} = j\omega L = j200\pi \times 200 \times 10^{-3} = j40\pi \ [\Omega]$

$Z = \sqrt{(40\pi)^2} = 40\pi \ [\Omega]$

② $\omega = 2\pi f = 2\pi \times 50 = 100\pi$

$\dot{Z} = \dot{Z}_R + \dot{Z}_L = 50 + j(100\pi \times 1) = 50 + j100\pi \ [\Omega]$

$Z = \sqrt{50^2 + (100\pi)^2} \fallingdotseq 317.96 \ \Omega$

③ $\omega = 2\pi f = 2\pi \times 60 = 120\pi$

$$\dot{Z} = \cfrac{1}{\cfrac{1}{\dot{Z}_R} + \cfrac{1}{\dot{Z}_C}} = \cfrac{\dot{Z}_R \cdot \dot{Z}_C}{\dot{Z}_R + \dot{Z}_C} = \cfrac{20\left(-j \cdot \cfrac{1}{120\pi \times 10 \times 10^{-6}}\right)}{20 - j \cdot \cfrac{1}{120\pi \times 10 \times 10^{-6}}}$$

$$\fallingdotseq \frac{-j5307.86}{20 - j265.39} = \frac{-j5307.86}{(20 - j265.39)} \times \frac{(20 + j265.39)}{(20 + j265.39)}$$

$$\fallingdotseq \frac{1408652.97 - j106157.2}{20^2 + 265.39^2} \fallingdotseq 19.89 - j1.50 \ \Omega$$

$Z = \sqrt{19.89^2 + 1.5^2} = 19.95 \ \Omega$

演習問題 8.1

1. 次に示す2つの交流電流の合成電流を直交座標表示の複素数で表しなさい．

$i_1 = 20\sqrt{2} \sin(\omega t + 30°)$ 　　 $i_2 = 10\sqrt{2} \sin \omega t$

2. 次に示す正弦波交流波形を指数関数表示及び三角関数表示で表しなさい．

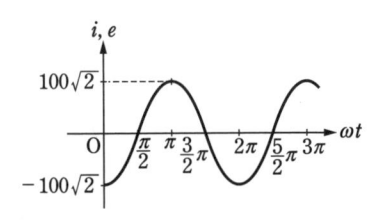

3. 次に示す回路のリアクタンスを求めなさい．

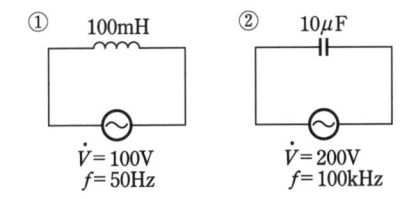

① 100mH, $\dot{V}=100$V, $f=50$Hz

② 10μF, $\dot{V}=200$V, $f=100$kHz

4. 次に示す回路のインピーダンスを直交座標表示の複素数で表しなさい．

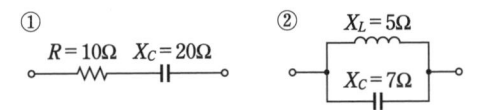

① $R=10\Omega$　$X_C=20\Omega$

② $X_L=5\Omega$　$X_C=7\Omega$

5. 次に示す回路において，流れる電流 $\dot{I}$ を直交座標表示の複素数で表しなさい．また，電流の大きさ I を計算しなさい．

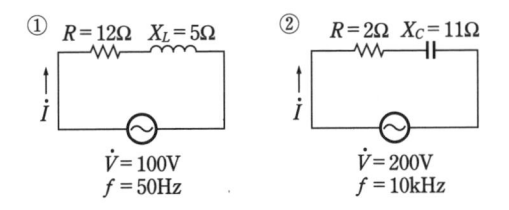

① $R=12\Omega$　$X_L=5\Omega$，$\dot{V}=100$V，$f=50$Hz

② $R=2\Omega$　$X_C=11\Omega$，$\dot{V}=200$V，$f=10$kHz

8-2　交流回路の計算

1．直並列回路

・直列回路に加わる電圧

　図8.6のような直列回路において，インピーダンス$\dot{Z}_1$及び$\dot{Z}_2$に加わる電圧$\dot{V}_1$，$\dot{V}_2$は，式(8.8)によって計算することができる．

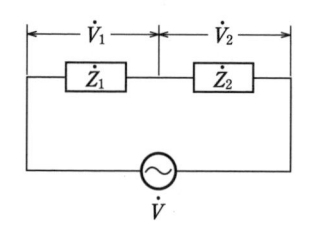

図8.6　直列回路

$$\begin{aligned}\dot{V}_1 &= \dot{V} \times \frac{\dot{Z}_1}{\dot{Z}_1 + \dot{Z}_2} \\ \dot{V}_2 &= \dot{V} \times \frac{\dot{Z}_2}{\dot{Z}_1 + \dot{Z}_2}\end{aligned} \quad (8.8)$$

・並列回路に流れる電流

　図8.7のような並列回路において，インピーダンス$\dot{Z}_1$及び$\dot{Z}_2$に流れる電流$\dot{I}_1$，$\dot{I}_2$は，式(8.9)によって計算することができる．

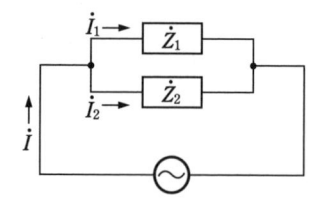

図8.7　並列回路

$$\dot{I}_1 = \dot{I} \times \frac{\dot{Z}_2}{\dot{Z}_1 + \dot{Z}_2}$$

$$\dot{I}_2 = \dot{I} \times \frac{\dot{Z}_1}{\dot{Z}_1 + \dot{Z}_2}$$

(8.9)

式(8.8)と式(8.9)から，例えば，図8.8に示す直並列回路の合成インピーダンス $\dot{Z}$ 及び，回路に流れる電流 $\dot{I}_1$, $\dot{I}_2$, $\dot{I}_3$ や電圧 $\dot{V}_2$, $\dot{V}_3$ を，次のようにして計算することができる．

$$\dot{Z} = \dot{Z}_L + \frac{\dot{Z}_C \cdot \dot{Z}_R}{\dot{Z}_C + \dot{Z}_R}$$

$$\dot{I}_1 = \frac{\dot{V}_1}{\dot{Z}}$$

$$\dot{I}_2 = \dot{I}_1 \times \frac{\dot{Z}_R}{\dot{Z}_C + \dot{Z}_R}$$

$$\dot{I}_3 = \dot{I}_1 \times \frac{\dot{Z}_C}{\dot{Z}_C + \dot{Z}_R}$$

$$\dot{V}_2 = \dot{V}_1 \times \frac{\dot{Z}_L}{\dot{Z}}$$

$$\dot{V}_3 = \dot{V}_1 \times \frac{\frac{\dot{Z}_C \cdot \dot{Z}_R}{\dot{Z}_C + \dot{Z}_R}}{\dot{Z}}$$

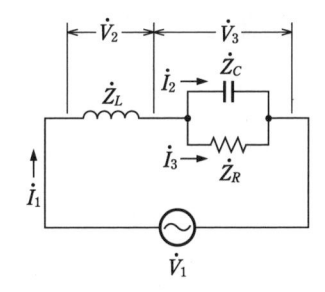

図8.8 直並列回路の例

また，式(8.10)に示すキルヒホッフの法則が成立する．

$$\dot{I}_1 = \dot{I}_2 + \dot{I}_3$$

$$\dot{V}_1 = \dot{V}_2 + \dot{V}_3$$

(8.10)

第8章 複素数の応用

【例題8.3】 図8.9に示す直並列回路において、回路の合成インピーダンス $\dot{Z}$ 及び、回路に流れる電流 $\dot{I}_1$, $\dot{I}_2$, $\dot{I}_3$ を求めなさい。

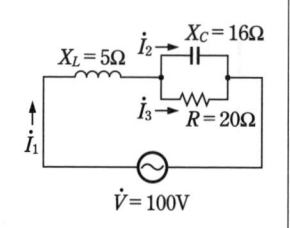

図8.9 直並列回路

解答

$$\dot{Z} = jX_L + \frac{-jX_C \cdot R}{R - jX_C} = j5 + \frac{-j320}{20 - j16}$$

$$= j5 + \frac{-j320(20 + j16)}{20^2 + 16^2} = j5 + \frac{5120 - j6400}{656}$$

$$\fallingdotseq j5 + 7.80 - j9.76 = 7.8 - j4.76 \ \Omega$$

$$\dot{I}_1 = \frac{\dot{V}}{\dot{Z}} = \frac{100}{7.8 - j4.76} = \frac{100(7.8 + j4.76)}{7.8^2 + 4.76^2} \fallingdotseq 9.34 + j5.70 \ \text{A}$$

$$\dot{I}_2 = \dot{I}_1 \frac{R}{R + \dot{Z}_C} = (9.34 + j5.7) \times \frac{20}{20 - j16}$$

$$= \frac{20(9.34 + j5.7)(20 + j16)}{20^2 + 16^2}$$

$$= \frac{1912 + j5268.8}{656} \fallingdotseq 2.91 + j8.03 \ \text{A}$$

$$\dot{I}_3 = \dot{I}_1 \frac{\dot{Z}_C}{R + \dot{Z}_C} = (9.34 + j5.7) \times \frac{-j16}{20 - j16}$$

$$= \frac{(91.2 - j149.44)(20 + j16)}{20^2 + 16^2} = \frac{4215.04 - j1529.6}{656}$$

$$= 6.43 - j2.33 \ \text{A}$$

また、$\dot{I}_2$ と $\dot{I}_3$ の和を計算すると次のようになり、$\dot{I}_1$ と一致することが確認できる。

$$\dot{I}_2 + \dot{I}_3 = (2.91 + j8.03) + (6.43 - j2.33) = 9.34 + j5.70 \ \text{A}$$

2. 共振回路

図 8.10 に示す RLC 直列回路において，電源の周波数 f を変化させた場合，回路の合成インピーダンス $\dot{Z}$ と流れる電流 $\dot{I}$ の大きさ Z, I は，図 8.11 のように変化する．つまり，ある周波数 f_0 で合成インピーダンス Z は最小となり，同時に電流 I は最大となる．このような現象を**共振**（直列共振）といい，周波数 f_0 を**共振周波数**という．

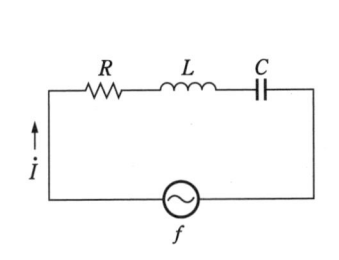

図 8.10　RLC 直列回路

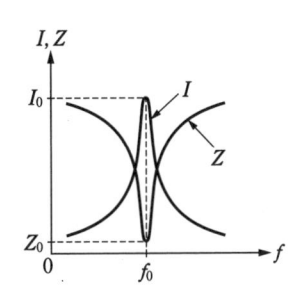

図 8.11　周波数-電流特性

次に，図 8.10 における共振周波数を求める式を導出する．回路の合成インピーダンス $\dot{Z}$ は，式(8.11)で求めることができる．

$$\dot{Z} = R + j\omega L - j\frac{1}{\omega C} = R + j\left(\omega L - \frac{1}{\omega C}\right) \qquad (8.11)$$

この式は，周波数 f の変化に伴って角周波数 $\omega = 2\pi f$ が変化し，$\dot{Z}$ の大きさも変化する．ここで，$\dot{Z}$ の大きさが最小になるということは，実部と虚部が最小になることと等価である．しかし，実部 R は定数であるため，虚部の最小化を考える．虚部が最小（ゼロ）になるときには，式(8.12)が成立する．この式に $\omega = 2\pi f_0$ を代入して f_0 について解くと，共振周波数 f_0 を表す式(8.13)が得られる．

$$\omega L = \frac{1}{\omega C} \qquad (8.12)$$

$$f_0 = \frac{1}{2\pi\sqrt{LC}} \qquad (8.13)$$

【例題 8.4】 図 8.12 に示す RLC 直列回路において，共振周波数 f_0 及び，そのときの電流 $\dot{I}_0$ の大きさを求めなさい．

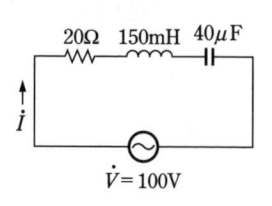

図 8.12 直列共振回路

解答

$$f_0 = \frac{1}{2\pi\sqrt{LC}} = \frac{1}{2\times 3.14 \times \sqrt{150\times 10^{-3} \times 40\times 10^{-6}}} \fallingdotseq 65\text{ Hz}$$

$$I_0 = \frac{V}{R} = \frac{100}{20} = 5\text{ A}$$

【例題 8.5】 図 8.13 に示す並列共振回路の共振周波数 f_0 を表す式を導出しなさい．ただし，抵抗 r は，コイル L の内部抵抗を表しており，$\omega L \gg r$ と考えればよい．

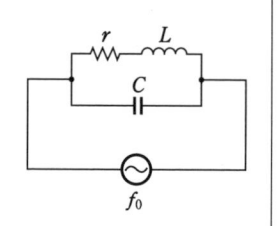

図 8.13 並列共振回路

解答 並列共振回路では，共振周波数 f_0 で合成インピーダンス Z は最大となり，同時に電流 I は最小となる．

$$\dot{Z} = \frac{\dfrac{r+j\omega L}{j\omega C}}{r+j\left(\omega L - \dfrac{1}{\omega C}\right)} = \frac{\dfrac{L}{C}\left(1+\dfrac{r}{j\omega L}\right)}{r+j\left(\omega L - \dfrac{1}{\omega C}\right)}$$

上式で，$\omega L \gg r$ とすれば，次の近似式が得られる．

$$\dot{Z} \fallingdotseq \frac{L}{C} \cdot \frac{1}{r + j\left(\omega L - \dfrac{1}{\omega C}\right)}$$

上式において，$\dot{Z}$ の大きさ Z が最大になるときには，次式が成立する．

$$\omega L - \frac{1}{\omega C} = 0$$

この式に $\omega = 2\pi f_0$ を代入して f_0 について解くと，並列共振周波数 f_0 を表す式が得られる．

$$f_0 = \frac{1}{2\pi\sqrt{LC}}$$

上式は，式(8.13)と同じである．つまり，直列共振周波数と並列共振周波数は，同じ式で計算することができる．

演習問題 8.2

1. 図 8.14 に示す RC 直列回路において，次の大きさを計算しなさい．インピーダンス Z，電流 I，抵抗とコンデンサそれぞれの両端に加わる電圧 V_R，V_C．
2. 図 8.15 に示す RL 直列回路において，電源電圧 $\dot{V}$ の大きさを計算しなさい．
3. 図 8.16 に示す直列共振回路において，共振周波数 f_0 を 100 kHz にするためには，コンデンサ C の静電容量はいくらにする必要があるか．計算しなさい．

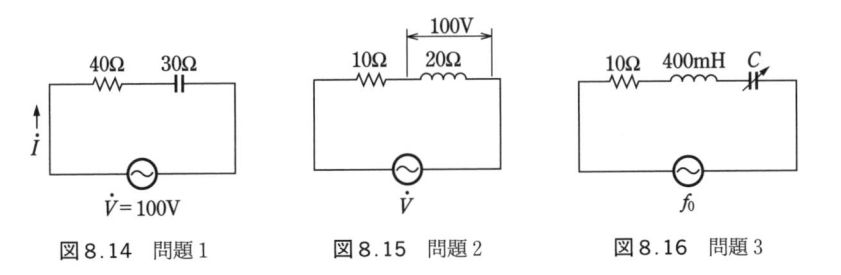

図 8.14　問題 1

図 8.15　問題 2

図 8.16　問題 3

章末問題 8

1. 次に示す交流の式を三角関数表示と指数関数表示の複素数で表しなさい．
   ① $e = 85\sqrt{2}\sin(\omega t - 45°)$ 〔V〕
   ② $i = 14\sqrt{2}\sin(\omega t + 60°)$ 〔A〕

2. 次に示す回路において，回路の合成インピーダンス $\dot{Z}$ 及び，その大きさ Z，インピーダンス角 θ を計算しなさい．

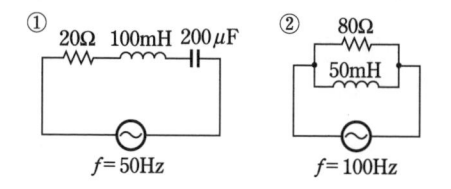

   ① 20Ω，100mH，$200\mu\text{F}$，$f = 50\text{Hz}$
   ② 80Ω，50mH，$f = 100\text{Hz}$

3. 次に示す回路において，共振周波数 f_0 で回路を共振させるためには，コイル L またはコンデンサ C の大きさをいくらにする必要があるか計算しなさい．

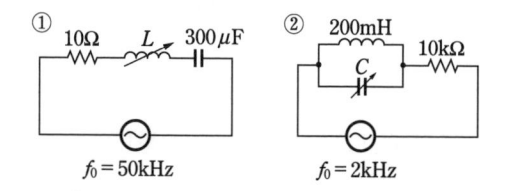

   ① 10Ω，L，$300\mu\text{F}$，$f_0 = 50\text{kHz}$
   ② 200mH，C，$10\text{k}\Omega$，$f_0 = 2\text{kHz}$

4. 次に示す回路において，スイッチ S を A 側にしたときには回路に流れる電流 $I = 20$ A，スイッチ S を B 側にしたときには電流 $I = 10$ A であった．回路のインピーダンス $\dot{Z}$ を直交座標表示の複素数で示し，大きさ Z を求めなさい．

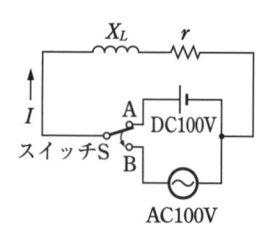

   （回路：X_L，r，DC100V，AC100V，スイッチ S）

5. 次に示す交流ブリッジとよばれる回路は，電流計が 0 A のときに，平衡条件 $\dot{Z}_1\dot{Z}_2=\dot{Z}_3\dot{Z}_4$ が成立する．

　　各インピーダンスが次の値であるとき，$\dot{Z}_4$ の値を計算しなさい．

$\dot{Z}_1=10\ \Omega$
$\dot{Z}_2=2+j4\ \Omega$
$\dot{Z}_3=5-j\ \Omega$

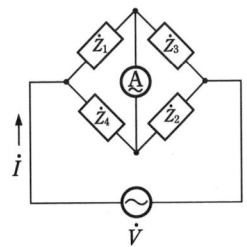

第9章　微分の基本

　この章から微積分にはいる．極限という新しい概念が登場し，極限の考え方を利用して微分の基本的性質が導かれていく．微分は一言で言えば関数の傾きを表す．電気・電子工学では連続的に変化する物理量が多く存在するため，電流や電界など微分を用いて定義される物理量は多い．また，極値を求めるときにも微分は強力な手法となる．この章では，まず極限を導入して，導関数を定義したのち，微分の基本的な公式を導出する．簡単な電気工学的応用として極大・極小問題を取り上げる．

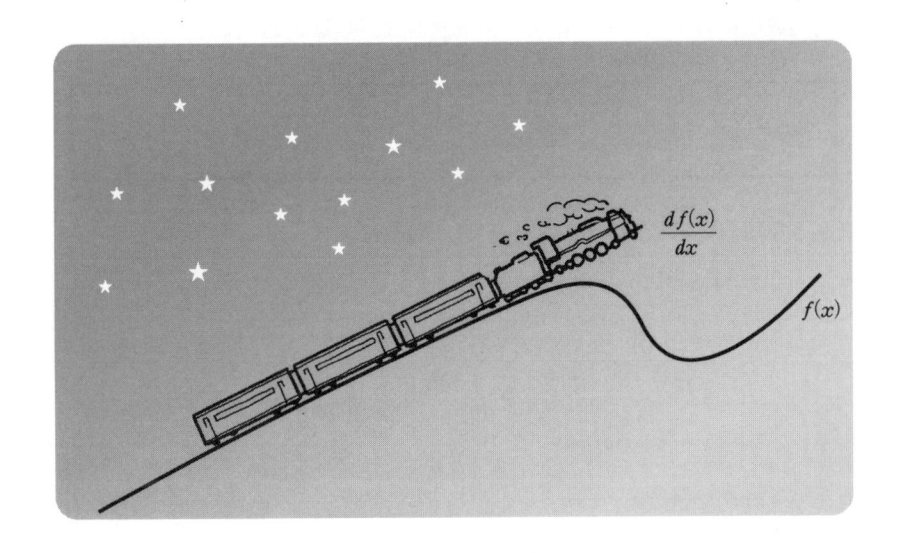

〈Keywords〉　平均変化率，微分係数，導関数，べき関数の微分，合成関数の微分，逆関数の微分，極大・極小，最大電力

9-1 極限と微分係数

1. 極限値

関数 $f(x)$ において，変数 x が a と異なる値をとりながら a に近づくとき，$f(x)$ が一定の値 α に近づけば，**極限値**を次のように表す．

$$\lim_{x \to a} f(x) = \alpha \qquad (9.1)$$

また，x を限りなく無限に大きく近づけたいとき，∞ という記号を使い，$\lim_{x \to \infty} f(x) = \alpha$ と表す．

三角関数の微分を扱うときに次の極限値がしばしば登場する．

$$\lim_{\theta \to 0} \frac{\sin \theta}{\theta} = 1 \qquad (9.2)$$

図 9.1 を用いて導く．図からそれぞれの面積は

$$\triangle \text{OAP} < \text{扇形 OAP} < \triangle \text{OAT}$$

となることがわかる．よって

$$\frac{1}{2} \cdot 1 \cdot \sin \theta < \frac{1}{2} \cdot 1^2 \cdot \theta < \frac{1}{2} \cdot 1 \cdot \tan \theta$$

となる．$\theta > 0$ のとき，$\sin \theta > 0$ なので，各項を $\frac{1}{2} \sin \theta$ で割ると，

$$1 < \frac{\theta}{\sin \theta} < \frac{1}{\cos \theta}$$

を得る．逆数をとると，各項が正なので不等号の向きが反対になり

$$1 > \frac{\sin \theta}{\theta} > \cos \theta$$

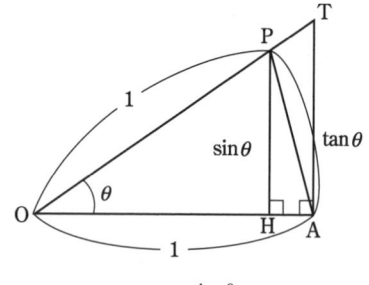

図 9.1 $\lim_{\theta \to 0} \frac{\sin \theta}{\theta}$ の証明

となる．

$\theta \to 0$ のとき，$\cos \theta \to 1$ なので，はさまれた項も，

$$\lim_{\theta \to 0} \frac{\sin \theta}{\theta} = 1$$

となる．

【例題 9.1】 次の極限値を求めなさい．

① $\displaystyle\lim_{x \to -2} 3(x+1)^2$ ② $\displaystyle\lim_{\theta \to \pi} \sin\left(\frac{\theta}{2}\right)$ ③ $\displaystyle\lim_{x \to \infty} \frac{1}{x}$

④ $\displaystyle\lim_{\theta \to 0} \frac{\tan \theta}{\theta}$ ⑤ $\displaystyle\lim_{\theta \to 0} \frac{\sin 5\theta}{\sin 4\theta}$

解答 ① $\displaystyle\lim_{x \to -2} 3(x+1)^2 = 3(-2+1)^2 = 3$

② $\displaystyle\lim_{\theta \to \pi} \sin\left(\frac{\theta}{2}\right) = \sin\left(\frac{\pi}{2}\right) = 1$

③ $\displaystyle\lim_{x \to \infty} \frac{1}{x} = 0$

④ $\displaystyle\lim_{\theta \to 0} \frac{\tan \theta}{\theta} = \lim_{\theta \to 0} \frac{\sin \theta}{\cos \theta} \frac{1}{\theta} = \lim_{\theta \to 0} \frac{1}{\cos \theta} \frac{\sin \theta}{\theta} = 1$

⑤ $\displaystyle\lim_{\theta \to 0} \frac{\sin 5\theta}{\sin 4\theta} = \lim_{\theta \to 0} \frac{\sin 5\theta}{5\theta} \frac{4\theta}{\sin 4\theta} \frac{5\theta}{4\theta} = \frac{5}{4}$

2. 平均変化率と微分係数

関数 $f(x)$ の x の値が a から b まで変化するとき，それに対応する関数の値の変化の割合

$$\frac{f(b) - f(a)}{b - a} \tag{9.3}$$

を $x = a$ から $x = b$ までの間の**平均変化率**という．これは図 9.2 の直線 AB の傾きを表している．

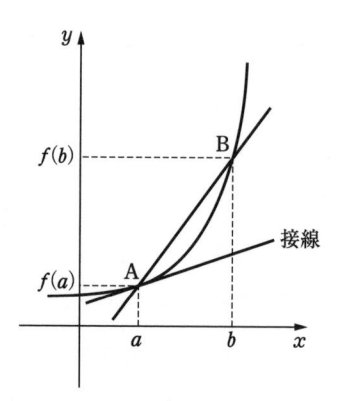

図9.2　平均変化率と微分係数

　図9.2の点Bを点Aに近づけたとき，直線ABは点Aの接線になる．これを式で表すと

$$f'(a)=\lim_{b \to a}\frac{f(b)-f(a)}{b-a} \tag{9.4}$$

となり，$f'(a)$を$x=a$の**微分係数**とよぶ．また，bの代わりに$b=a+h$とおくと，

$$f'(a)=\lim_{h \to 0}\frac{f(a+h)-f(a)}{h} \tag{9.5}$$

と書くこともできる．

【例題 9.2】　次の関数のxの値が1から2まで変化するときの平均変化率と，$x=1$のときの微分係数を求めなさい．
　　① $f(x)=x^2$　　② $f(x)=x^3$

解答 ① 平均変化率：$\dfrac{f(2)-f(1)}{2-1}=\dfrac{4-1}{1}=3$

微分係数：$f'(1)=\lim_{h\to 0}\dfrac{(1+h)^2-1^2}{h}=\lim_{h\to 0}(2+h)=2$

② 平均変化率：$\dfrac{f(2)-f(1)}{2-1}=\dfrac{8-1}{1}=7$

微分係数：$f'(1)=\lim_{h\to 0}\dfrac{(1+h)^3-1^3}{h}=\lim_{h\to 0}(3+3h+h^2)=3$

3．導関数と微分

微分係数の式(9.5)の $f(a)$ は a を変数とする関数といえるので，一般に x で書くこともできる．よって，任意の点 x での微分係数を

$$f'(x)=\lim_{h\to 0}\dfrac{f(x+h)-f(x)}{h} \qquad (9.6)$$

のように表せる．$f'(x)$ を $f(x)$ の**導関数**という．また，関数 $f(x)$ から導関数 $f'(x)$ を求めることを $f(x)$ を**微分する**という．そして $y=f(x)$ の導関数には様々な表し方がある．

$$f'(x) \quad y' \quad \dfrac{dy}{dx} \quad \dfrac{df(x)}{dx} \quad \dfrac{d}{dx}f(x)$$

【例題 9.3】 次の関数を導関数の定義（式(9.6)）を用いて微分しなさい．

① $f(x)=x$　　② $f(x)=\dfrac{1}{x}$　　③ $f(x)=c$（定数）

解答 ① $f'(x)=\lim_{h\to 0}\dfrac{(x+h)-x}{h}=\lim_{h\to 0}1=1$

② $f'(x)=\lim_{h\to 0}\dfrac{\left(\dfrac{1}{x+h}\right)-\dfrac{1}{x}}{h}=\lim_{h\to 0}\dfrac{1}{h}\left\{\dfrac{x-(x+h)}{(x+h)x}\right\}$

$$= \lim_{h \to 0} \frac{-1}{(x+h)x} = -\frac{1}{x^2}$$

③ $f'(x) = \lim_{h \to 0} \frac{c-c}{h} = \lim_{h \to 0} \frac{0}{h} = 0$

演習問題 9.1

1. 次の極限値を求めなさい（ε は定数）．

   ① $\lim_{x \to 0} \varepsilon^{-x}$ ② $\lim_{x \to \infty} \varepsilon^{-x}$ ③ $\lim_{x \to \infty} x \cdot \varepsilon^{-x}$

   ④ $\lim_{x \to 2} \frac{x^3 - 10x + 12}{x^2 - 4}$ ⑤ $\lim_{x \to 0} \frac{(x+1)^3 - 1}{x(x-1)}$

2. 次の関数が x の値が 1 から 2 まで変化するときの平均変化率と，$x = -2$ のときの微分係数を求めなさい．

   ① $f(x) = x^3 - x^2$ ② $f(x) = x^2 + 2x - 1$

3. 次の関数を導関数の定義に従って微分しなさい．

   ① $f(x) = x^2 + 2x - 1$ ② $f(x) = 5x^2 - x^3$ ③ $f(x) = \sqrt{x}$

9-2　微分の基礎

1. べき関数の微分（べき数が正の整数の場合）

前節で導関数の定義から関数 $y = x^n$ の形が

$$(x)' = 1, \quad (x^2)' = 2x, \quad (x^3)' = 3x^2$$

であることを導いたが，一般に次の公式が成り立つ．

$$(x^n)' = nx^{n-1} \quad (\text{ただし，} n \text{ は正の整数}) \tag{9.7}$$

式(9.7)を示す．次の恒等式

$$a^n - b^n = (a-b)(a^{n-1} + a^{n-2}b + \cdots + ab^{n-2} + b^{n-1})$$

を使って，$a = x + h$，$b = x$ とおくと，

$$(x+h)^x - x^n = h\{(x+h)^{n-1} + (x+h)^{n-2}x + \cdots$$

$$+(x+h)x^{n-2}+x^{n-1}\}$$

を得る．したがって

$$(x^n)' = \lim_{h \to 0} \frac{(x+h)^n - x^n}{h}$$
$$= \lim_{h \to 0}\{(x+h)^{n-1}+(x+h)^{n-2}x+\cdots+(x+h)x^{n-2}+x^{n-1}\}$$
$$= nx^{n-1}$$

となる．べき数が実数全体で成り立つことを示すには，対数微分法（次章）を用いる必要がある．

【例題 9.4】 次の関数を微分しなさい．
① $f(x) = 10x^{10}$ ② $f(x) = x^0$

解答 ① $f'(x) = 100x^{10-1} = 100x^9$
② $f'(x) = 0$
（式(9.7) は $n=0$ のとき成り立たないことに注意せよ）

2．関数の定数倍および和・差の微分

関数 $f(x)$ の定数倍の微分は

$$y' = (kf(x))' = kf'(x) \quad (k \text{ は定数}) \tag{9.8}$$

となる．
一方関数 $f(x)$ と $g(x)$ が与えられたときの和と差の微分は

$$\{f(x) \pm g(x)\}' = f'(x) \pm g'(x) \quad (\text{複号同順}) \tag{9.9}$$

となる．

【例題 9.5】 次の関数を微分しなさい．
① $f(x) = -2x^3 + 5x + 1$　　② $f(x) = (x+3)(x-1)$

解答 ① $f'(x) = (-2x^3 + 5x + 1)' = -2(x^3)' + 5(x)' + (1)' = -6x^2 + 5$
② $f'(x) = \{(x+3)(x-1)\}' = (x^2 + 2x - 3)' = 2(x+1)$

3．関数の積・商の微分

関数 $f(x)$ と $g(x)$ が与えられたときの積の微分は

$$\{f(x) \cdot g(x)\}' = f'(x) \cdot g(x) + f(x) \cdot g'(x) \tag{9.10}$$

となる．

関数 $f(x)$ と $g(x)$ が与えられたときの商の微分は

$$\left\{\frac{f(x)}{g(x)}\right\}' = \frac{f'(x)g(x) - f(x)g'(x)}{g(x)^2} \tag{9.11}$$

特に

$$\left\{\frac{1}{g(x)}\right\}' = -\frac{g'(x)}{g(x)^2} \tag{9.12}$$

が成り立つ．ただし，$g(x) \neq 0$ である．

式(9.11)を導く．

$$\left\{\frac{f(x)}{g(x)}\right\}' = \lim_{h \to 0} \frac{1}{h}\left\{\frac{f(x+h)}{g(x+h)} - \frac{f(x)}{g(x)}\right\}$$

$$= \lim_{h \to 0} \frac{1}{g(x+h)g(x)}\left\{\frac{f(x+h) - f(x)}{h}g(x)\right.$$

$$-f(x)\frac{g(x+h)-g(x)}{h}\Big\}$$

$$=\frac{f'(x)g(x)-f(x)g'(x)}{g(x)^2}$$

を得る．特に，$f(x)=1$ とおくと式(9.12)を得る．

【例題 9.6】 次の関数を式(9.10)を使って微分しなさい．

① $f(x)=(2x+3)(3x^2-1)$ ② $f(x)=(x^2+1)(x-2)$

解　答 ① $f'(x)=(2x+3)'(3x^2-1)+(2x+3)(3x^2-1)'$
$\qquad\qquad =2\cdot(3x^2-1)+(2x+3)\cdot 6x=18x^2+18x-2$

② $f'(x)=(x^2+1)'(x-2)+(x^2+1)(x-2)'$
$\qquad\qquad =2x\cdot(x-2)+(x^2+1)\cdot 1=3x^2-4x+1$

【例題 9.7】 次の関数を微分しなさい．

① $f(x)=\dfrac{x}{x+1}$ ② $f(x)=\dfrac{x^2+1}{x-1}$

解　答 ① $f'(x)=\dfrac{(x)'(x+1)-x(x+1)'}{(x+1)^2}=\dfrac{1}{(x+1)^2}$

② $f'(x)=\dfrac{(x^2+1)'(x-1)-(x^2+1)(x-1)'}{(x-1)^2}=\dfrac{x^2-2x-1}{(x-1)^2}$

4．合成関数の微分

$y=(3x^3+4x+1)^4$ のような微分は，$z=(3x^3+4x+1)$，$y=z^4$ と合成関数で考えると計算が容易になる．

関数 $y=f(z)$，$z=g(x)$ のとき，合成関数 $y=f(g(x))$ の微分は次の公式で導かれる．

$$\boxed{\frac{dy}{dx}=\frac{dy}{dz}\cdot\frac{dz}{dx}=\frac{df(z)}{dz}\cdot\frac{dg(x)}{dx}} \qquad (9.13)$$

式 (9.13) を示す．

$g(x+h)-g(x)=k$ とおくと，$g(x+h)=g(x)+k=z+k$ なので，

$$\frac{f(g(x+h))-f(g(x))}{h}=\frac{f(z+k)-f(z)}{k}\cdot\frac{g(x+h)-g(x)}{h}$$

を得る．$h\to 0$ なれば，$k\to 0$ になるので，

$$\begin{aligned}\frac{dy}{dx}&=\lim_{h\to 0}\frac{f(g(x+h))-f(g(x))}{h}\\ &=\lim_{k\to 0}\frac{f(z+k)-f(z)}{k}\cdot\lim_{h\to 0}\frac{g(x+h)-g(x)}{h}\\ &=\frac{df(z)}{dz}\cdot\frac{dg(x)}{dx}=\frac{dy}{dz}\cdot\frac{dz}{dx}\end{aligned}$$

次の逆関数の微分もよく利用される．

$$\boxed{\frac{dx}{dy}=\frac{1}{\dfrac{dy}{dx}}\quad\left(\text{ただし}\quad\frac{dy}{dx}\neq 0\right)} \qquad (9.14)$$

【例題 9.8】 次の関数を微分しなさい．

① $f(x)=(x+1)^4$ ② $f(x)=\dfrac{1}{(x^2+1)^3}$

解答 ① $z=x+1$ とおくと，$f(z)=z^4$ となり

$$f'(x)=\frac{df(z)}{dz}\frac{dz}{dx}=\frac{dz^4}{dz}\frac{d(x+1)}{dx}=4z^3\cdot 1=4(x+1)^3$$

② $z=x^2+1$ とおくと，$f(z)=\dfrac{1}{z^3}$ となり

$$f'(x)=\frac{d}{dz}\left(\frac{1}{z^3}\right)\frac{d(x^2+1)}{dx}=-\frac{3}{z^4}\cdot 2x=-\frac{6x}{(x^2+1)^4}$$

5. 高次導関数

$f(x)$ を n 回微分して得られる関数を **n 次導関数** という．一般に次のような記号で表す．

$$y^{(n)} \quad f^{(n)}(x) \quad \frac{d^n y}{dx^n} \tag{9.15}$$

もし 2 次導関数ならば以下のように書いてもよい．

$$y'' \quad f''(x) \quad \frac{d^2 y}{dx^2}$$

【例題 9.9】 次の関数の 2 次導関数を求めなさい．

① $f(x) = x^6 + 2x$ ② $f(x) = \dfrac{1}{x}$

解答 ① $f(x) = x^6 + 2x$, $f'(x) = 6x^5 + 2$, $f''(x) = 30x^4$

② $f(x) = \dfrac{1}{x}$, $f'(x) = -\dfrac{1}{x^2}$, $f''(x) = \dfrac{2}{x^3}$

演習問題 9.2

1. 次の関数を微分しなさい．

    ① $f(x) = -4x^4 + 7x^2 + 3x$ ② $f(x) = (x+1)^{10}$

    ③ $f(x) = \left(\dfrac{x}{x+1}\right)^3$ ④ $f(x) = \dfrac{x+1}{x-1}$

2. 次の媒介変数表示 $x = x(t)$, $y = (t)$ から $\dfrac{dy}{dx}$ を求めなさい．

    ① $\begin{cases} x = t+1 \\ y = 3t+2 \end{cases}$ ② $\begin{cases} x = 2t+1 \\ y = t^2 \end{cases}$

3. 次の関数の 2 次導関数を求めなさい．

    ① $f(x) = (2x-1)^3$ ② $f(x) = \dfrac{1}{(3x-2)}$

9-3 微分と極値

1. 極大・極小

関数 $f(x)$ に対して次の性質がある．

- ある区間で $f'(x)>0$ ならば，$f(x)$ はその区間で増加する
- ある区間で $f'(x)<0$ ならば，$f(x)$ はその区間で減少する

これは $f'(x)>0$ なら右上がりの接線，$f'(x)<0$ なら右下がりの接線になることから理解できる．$f'(x)$ が正から負に変わるとき，または，負から正に変わるとき，$f'(x)=0$ の点で極値を持つ（図 9.3）．

極大・極小を求めるには $f'(x)=0$ の実数解を求め，その x の前後で $f'(x)$ の符号の変化を調べる（表 9.1）．

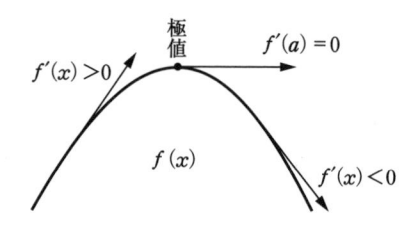

表 9.1 増減表

x		a	
$f'(x)$	$+$	0	$-$
$f(x)$	↗	極大	↘

図 9.3 関数 $f(x)$ と $f'(x)$ との関係

【例題 9.10】 次の関数の増減を調べ，その極値を求めなさい．
$$y=x^3-6x^2+9$$

解答

$y=x^3-6x^2+9$

$y'=3x^2-12x+9=3(x-3)(x-1)$

$y'=0$ となる値は $x=1, 3$

表 9.2 より

$x=1$ のとき $y=4$ （極大値）

$x=3$ のとき $y=0$ （極小値）

表 9.2 増減表

x		1		3	
y'	$+$	0	$-$	0	$+$
y	↗	極大	↘	極小	↗

2. 最大電力の計算

最大電力を計算するときに微分が利用される．一般に抵抗 R〔Ω〕に電流 I〔A〕が流れているときの消費電力は

$$P = RI^2 \text{〔W〕} \tag{9.16}$$

で表される．

【例題9.11】 図9.4のような回路で抵抗 R を変化させるとき抵抗中で消費される最大電力を求めなさい．

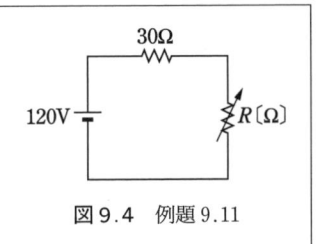

図9.4 例題9.11

解答 回路電流 I は $I = \dfrac{120}{30+R}$〔A〕なので抵抗 R の消費電力は

$$P = RI^2 = \frac{R \cdot 120^2}{(30+R)^2} = \frac{120^2}{\dfrac{900}{R} + 60 + R} \text{〔W〕}$$

を得る．分子は変化しないので，分母が最小のとき P は最大になる．

$y = R + 60 + \dfrac{900}{R}$ として微分すると

$$y' = 1 - \frac{900}{R^2} = 0$$

$R^2 = 900$ より $R = 30\ \Omega$

を得る．表9.3から y は最小値であることがわかる．

表9.3 増減表

R	0		30	
$y'(x)$		−	0	+
$y(x)$		↘	最小	↗

よって，最大電力は

$$P = \frac{120^2}{\dfrac{900}{30} + 60 + 30} = 120\ \text{W}$$

演習問題 9.3

1. 次の関数の増減を調べ，その極値を求めなさい．
   ① $f(x) = x^3 - 3x^2 - 9x + 6$
   ② $f(x) = -x^3 - x$

2. 図9.5のような角周波数 ω [rad/s] の交流回路で抵抗 R を変化させるとき抵抗中に消費される最大電力を求めなさい．

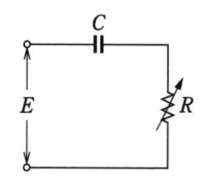

図9.5 演習問題9.3.2

章末問題 9

1. 次の極限値を求めなさい．

   ① $\lim_{x \to -1}(x^3 - 3x^2 + 1)$

   ② $\lim_{x \to 2}\dfrac{2x^2 - x - 6}{2x^2 - 7x + 6}$

   ③ $\lim_{x \to 0}\dfrac{\sqrt{1+x} - \sqrt{1-x}}{x}$

   ④ $\lim_{x \to \infty}\dfrac{5x^2 - 2x + 4}{3x^2 + 3x + 7}$

2. 次の微分を求めなさい．

   ① $f(x) = (x^3 + 2x + 1)(x^2 - 3x)$

   ② $f(x) = \dfrac{1}{x-1} + \dfrac{1}{x+1}$

   ③ $f(x) = \dfrac{2x^2}{(x+1)^2}$

   ④ $f(x) = \dfrac{1}{(x^2 - 3x + 1)^3}$

3. 次の関数の増減を調べ，その極値を求めなさい．

   ① $f(x) = \dfrac{x^2 - 2x + 3}{x - 1}$

   ② $f(x) = x^4 - 6x^2 - 8x + 13$

第10章 微分の応用

交流回路など周期的な信号を扱うには，三角関数や指数関数が利用されるので，これらの関数の微分は電気・電子工学では頻繁に利用される．この章ではいろいろな関数の微分公式を導いて，どんな関数でも微分できる力を身につける．前章で用いたべき関数の微分が再び登場するが，前章が正の整数のみであったのに対して，この章では，実数全体で利用できることを示す．次に実際に微分が登場する電気工学の応用についていくつか紹介する．主役は交流回路になる．最後に偏微分について述べる．偏微分は電気磁気学を集大成するマックスウェルの方程式の基礎となる．また座標変換にも威力を発揮する．

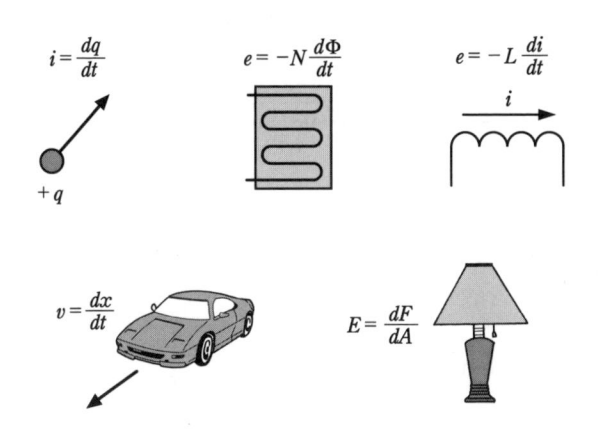

〈Keywords〉 三角関数の微分，指数・対数関数の微分，べき関数の微分，電流，電磁誘導，偏微分

10-1　いろいろな関数の微分

1．三角関数の微分

交流回路の電圧や電流の波形は三角関数でよく表わされる．よって，その微分も重要である．

三角関数の微分は以下のようになる．

$$(\sin \theta)' = \cos \theta \qquad (10.1)$$

$$(\cos \theta)' = -\sin \theta \qquad (10.2)$$

$$(\tan \theta)' = \frac{1}{\cos^2 \theta} \qquad (10.3)$$

$$(\sin^{-1} \theta)' = \frac{1}{\sqrt{1-\theta^2}} \qquad (10.4)$$

$$(\tan^{-1} \theta)' = \frac{1}{1+\theta^2} \qquad (10.5)$$

式(9.2)を用いて，式(10.1)を導く．

$$(\sin \theta)' = \lim_{h \to 0} \frac{\sin(\theta+h) - \sin \theta}{h} = \lim_{h \to 0} \frac{2\cos\left(\theta + \frac{h}{2}\right)\sin\frac{h}{2}}{h}$$

$$= \left\{\lim_{h \to 0} \cos\left(\theta + \frac{h}{2}\right)\right\}\left\{\lim_{h \to 0} \frac{\sin\left(\frac{h}{2}\right)}{\frac{h}{2}}\right\} = (\cos \theta) \cdot 1 = \cos \theta$$

同様に式(10.2)も求められる．

$$(\cos \theta)' = \lim_{h \to 0} \frac{\cos(\theta+h) - \cos \theta}{h} = \lim_{h \to 0} \frac{-2\sin\left(\theta + \frac{h}{2}\right)\sin\frac{h}{2}}{h}$$

$$= -\left\{\lim_{h \to 0} \sin\left(\theta + \frac{h}{2}\right)\right\}\left\{\lim_{h \to 0} \frac{\sin\left(\frac{h}{2}\right)}{\frac{h}{2}}\right\} = -(\sin \theta) \cdot 1 = -\sin \theta$$

10-1 いろいろな関数の微分

【例題 10.1】 式(10.3)を導きなさい．

解答
$$(\tan\theta)' = \left(\frac{\sin\theta}{\cos\theta}\right)' = \frac{(\sin\theta)'\cos\theta - \sin\theta(\cos\theta)'}{\cos^2\theta}$$
$$= \frac{\cos^2\theta + \sin^2\theta}{\cos^2\theta} = \frac{1}{\cos^2\theta}$$

式(10.4)と式(10.5)の導出は演習問題 10.1 の 1 と 2 を参照．

【例題 10.2】 次の関数を θ で微分しなさい．
① $f(\theta) = \sin 3\theta$ ② $f(\theta) = \sin^2\theta$
③ $f(\theta) = \cos(4\theta - 5)$

解答 ① $z = 3\theta$ とおくと，$f(z) = \sin z$
$$f'(\theta) = \frac{d\sin z}{dz}\cdot\frac{d(3\theta)}{d\theta} = \cos z \cdot 3 = 3\cos 3\theta$$

② $z = \sin\theta$ とおくと，$f(z) = z^2$
$$f'(\theta) = \frac{dz^2}{dz}\cdot\frac{d\sin\theta}{d\theta} = 2z\cdot\cos\theta = 2\sin\theta\cos\theta$$

③ $z = 4\theta - 5$ とおくと，$f(z) = \cos z$
$$f'(\theta) = \frac{d\cos z}{dz}\cdot\frac{d(4\theta-5)}{d\theta} = -\sin z \cdot 4 = -4\sin(4\theta-5)$$

2．指数・対数関数の微分

・ε（自然対数の底）の定義

次の式が成り立つときの定数 ε を自然対数の**底**とよぶ*．

---

* 通常数学では自然対数の底は e で書くが，電気工学では起電力の記号と混同しないようにするため ε が用いられる．本書もそれに従う．

$$\lim_{h \to 0} \frac{\varepsilon^h - 1}{h} = 1 \tag{10.6}$$

この式の意味するところを述べる．$y = a^x$ の点 $(0, 1)$ における接線の傾きは

$$y' = \lim_{h \to 0} \frac{a^{0+h} - a^0}{h} = \lim_{h \to 0} \frac{a^h - 1}{h}$$

と表せる．この傾きが 1 になる a の値を ε と定義している（図 10.1）．

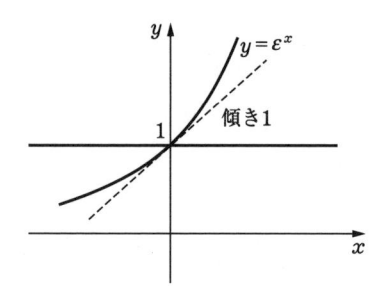

図 10.1　$y = \varepsilon^x$ の関数

・指数・対数関数の微分

$$(\varepsilon^x)' = \varepsilon^x \tag{10.7}$$

$$(\log_\varepsilon |x|)' = (\ln |x|)' = \frac{1}{x} \tag{10.8}$$

以下，対数 $\log_\varepsilon x$ は自然対数の底 ε を省略して $\ln x$ と示す．そして $\log x$ は底が 10 の対数に用いることにする．

式(10.6)を用いて式(10.7)を導く．

$$(\varepsilon^x)' = \lim_{h \to 0} \frac{\varepsilon^{x+h} - \varepsilon^x}{h} = \varepsilon^x \cdot \lim_{h \to 0} \frac{\varepsilon^h - 1}{h} = \varepsilon^x \cdot 1 = \varepsilon^x$$

また，$y = \ln x$ とすると $x = \varepsilon^y$ となり，両辺を y で微分すると $\dfrac{dx}{dy} = \varepsilon^y = x$ となるので，逆関数の公式(9.14)から式(10.8)を得る．

次に ε の代わりにある定数 a の場合を計算する．

$y=a^x$ とすると $x=\log_a y = \dfrac{\ln y}{\ln a}$ なので，両辺を y で微分すると，

$$\frac{dx}{dy}=\frac{1}{y\ln a}=\frac{1}{a^x \ln a}$$

$$\frac{dy}{dx}=\frac{1}{\dfrac{dx}{dy}}=a^x \ln a$$

となる．

また，$y=\log_a x \ (x>0)$ の微分は，$\log_a x = \dfrac{\ln x}{\ln a}$ なので，両辺を x で微分すると，

$$\frac{dy}{dx}=\frac{1}{x\ln a}$$

を得る．まとめると次の公式になる．

$$(a^x)'=a^x \ln a \quad (a>0,\ a\neq 1) \tag{10.9}$$

$$(\log_a |x|)'=\frac{1}{x\ln a} \tag{10.10}$$

・**対数微分法**

両辺の対数をとって，両辺を微分する方法を**対数微分法**という．

【例題 10.3】 次の関数を微分しなさい．
① $f(x)=\varepsilon^{-5x}$ ② $f(x)=x\varepsilon^x$ ③ $f(x)=\ln 3x$
④ $f(x)=\ln(x^2+1)$

解 答 ① $z=-5x$ とおくと

$$f'(z)=\frac{d\varepsilon^z}{dz}\cdot\frac{d(-5x)}{dx}=\varepsilon^z\cdot(-5)=-5\varepsilon^{-5x}$$

② $f'(x)=(x)'\varepsilon^x+x(\varepsilon^x)'=\varepsilon^x(x+1)$

③ $z=3x$ とおくと

$$f'(x)=\frac{d}{dz}(\ln z)\cdot\frac{d(3x)}{dx}=\frac{1}{z}\cdot 3=\frac{1}{x}$$

④ $z=(x^2+1)$ とおくと

$$f'(x)=\frac{d}{dz}(\ln z)\cdot\frac{d(x^2+1)}{dx}=\frac{2x}{x^2+1}$$

【例題 10.4】 次の関数を微分しなさい．
① $f(x)=2^{4x}$ ② $f(x)=\log_{10}3x$

解 答 ① 次の例題で述べる対数微分法でも解けるが，ここでは公式を用いる．$z=4x$ とおくと

$$f'(x)=\frac{d(2^z)}{dz}\cdot\frac{d(4x)}{dx}=2^z\ln 2\cdot 4=2^{(4x+2)}\ln 2$$

② $z=3x$ とおくと

$$f'(x)=\frac{d}{dz}\log_{10}z\cdot\frac{d(3x)}{dx}=\frac{1}{z\ln 10}\cdot 3=\frac{1}{x\ln 10}$$

【例題 10.5】 次の関数を対数微分法を用いて微分しなさい．
① $y=3^x$ ② $y=x^x\ (x>0)$

解 答 ① 両辺の対数をとると

$$\ln y=\ln(3^x)=x\ln 3$$

両辺を x で微分すると

$$\frac{y'}{y}=\ln 3 \text{ より } y'=y\ln 3=3^x\ln 3$$

② 両辺の対数をとると

$$\ln y=x\ln x$$

両辺を x で微分すると

$$\frac{y'}{y}=(x)'\ln x+x(\ln x)'=\ln x+1 \text{ より}$$

$$y'=y(\ln x+1)=x^x(\ln x+1)$$

3. べき関数の微分（べき数が実数の場合）

9.2 節では，べき数が正の整数の場合を扱ったが，一般に実数全体で成り立つ．

対数微分法を用いて示す．

$y=x^a$（a は実数）とすると，両辺の対数をとれば，$\ln y=a\ln x$ となる．両辺を x で微分すると，

$$\text{左辺}=\frac{d}{dx}(\ln y)=\frac{d\ln y}{dy}\frac{dy}{dx}=\frac{1}{y}y'$$

$$\text{右辺}=\frac{d}{dx}(a\ln x)=\frac{a}{x}$$

を得る．よって

$$\frac{1}{y}y'=\frac{a}{x}, \quad y'=\frac{a}{x}y=\frac{a}{x}x^a=ax^{a-1}$$

$$\boxed{(x^a)'=ax^{a-1} \text{（ただし } a \text{ は実数，} x>0\text{）} \qquad (10.11)}$$

【例題 10.6】 次の関数を微分しなさい．

① $f(x)=\dfrac{1}{x^5}$ ② $f(x)=x\sqrt{x}$ ③ $f(x)=\dfrac{1}{\sqrt{x^3}}$

解 答 ① $f'(x)=\left(\dfrac{1}{x^5}\right)'=(x^{-5})'=-5x^{-6}=-\dfrac{5}{x^6}$

② $f'(x)=(x\sqrt{x})'=(x^{\frac{3}{2}})'=\dfrac{3}{2}x^{\frac{1}{2}}=\dfrac{3}{2}\sqrt{x}$

③ $f'(x)=\left(\dfrac{1}{\sqrt{x^3}}\right)'=(x^{-\frac{3}{2}})'=-\dfrac{3}{2}x^{-\frac{5}{2}}=-\dfrac{3}{2\sqrt{x^5}}$

演習問題 10.1

1. $y=\sin^{-1}\theta$ を微分すると，$y'=\dfrac{1}{\sqrt{1-\theta^2}}$ となることを示しなさい．ただし $(-1<\theta<1)$ とする．

2. $y=\tan^{-1}\theta$ を微分すると，$y'=\dfrac{1}{1+\theta^2}$ となることを示しなさい．

3. 次の関数を微分しなさい．
   ① $f(x)=\sin(\omega x+a)$ （ただし ω と a は定数）　② $f(x)=\varepsilon^x\cos x$
   ③ $f(x)=\ln(x-1)^2$

4. 対数微分法を使って次の微分を求めなさい．
   ① $f(x)=x^{\sin x}$　② $f(x)=(x+4)^3(x+5)^4$

10-2　微分と電気回路

　電気工学は微分の形で表される物理量が多く登場する．本節では，その例について説明する．

・電流

　微小時間 dt [s] の間に導体の断面を通過する電荷量を dq [C] とすると電流 i [A] は

$$i=\frac{dq}{dt}\,[\text{A}] \tag{10.12}$$

で表される．

・電磁誘導

　コイルに流れる電流が変化すると，逆方向に生じる誘導起電力 e [V] は

$$e=-L\frac{di}{dt}\,[\text{V}] \tag{10.13}$$

ここで L は自己インダクタンス〔H〕である．

また，巻数 N 回の回路を貫く磁束が変化すると磁束の変化を防げる向きに起電力を誘導する．

$$e = -N\frac{d\varPhi}{dt} \text{〔V〕} \tag{10.14}$$

【例題 10.7】 図 10.2 のような交流回路を考える．$i = I\sin(\omega t + \theta)$ の電流をインダクタンス L〔H〕のコイルに流すときの誘導起電力 e〔V〕を求めなさい．また，電圧と電流の関係について述べなさい．

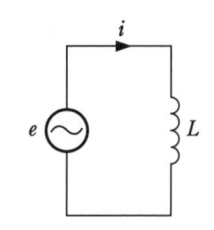

図 10.2　例題 10.7

解答 式(10.13)より，誘導起電力の大きさは

$$|e| = L\frac{di}{dt} = L\frac{d}{dt}(I\sin(\omega t + \theta)) = \omega LI\cos(\omega t + \theta)$$
$$= \omega LI\sin\left(\omega t + \theta + \frac{\pi}{2}\right) \text{〔V〕}$$

電流の最大値を $I_m = I$ とすると，電圧の最大値 $E_m = \omega LI_m$ となる．

電圧と電流の関係は図 10.3 のようになり，電圧は電流より位相 $\dfrac{\pi}{2}$ だけ進んでいる．

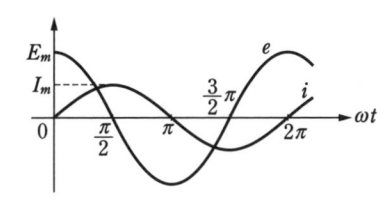

図 10.3　電流と電圧との関係

演習問題 10.2

1. 図 10.4 のような交流回路を考える．静電容量 C[F] に $e = E\sin(\omega t + \theta)$ の電圧をかけたときの電流について計算しなさい．また，電圧と電流との関係について述べなさい．
2. 次の関数の増減を調べ，その極値を求めなさい．
   ① $f(x) = x + 2\cos x \ (0 \leq x \leq \pi)$
   ② $f(x) = x \ln x$

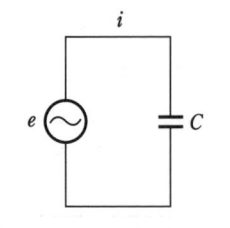

図 10.4　演習問題 10.2 1

10-3　偏微分

1．偏微分の定義

2 変数の関数 $f(x, y)$ の x に関する偏導関数 $\dfrac{\partial f}{\partial x}$ は

$$\frac{\partial f}{\partial x} = f_x = \lim_{h \to 0} \frac{f(x+h, y) - f(x, y)}{h} \tag{10.15}$$

y に関する偏導関数 $\dfrac{\partial f}{\partial y}$ は

$$\frac{\partial f}{\partial y} = f_y = \lim_{h \to 0} \frac{f(x, y+h) - f(x, y)}{h} \tag{10.16}$$

で定義される．考え方として，偏微分は微分する変数だけに注目して，他の変数は定数として扱う．

高階偏導関数も同様に定義される．例えば，2 階偏導関数は

$$\frac{\partial}{\partial x}\left(\frac{\partial f}{\partial x}\right)=\frac{\partial^2 f}{\partial x^2}=f_{xx} \quad , \quad \frac{\partial}{\partial x}\left(\frac{\partial f}{\partial y}\right)=\frac{\partial^2 f}{\partial x \partial y}=f_{yx}$$
$$\frac{\partial}{\partial y}\left(\frac{\partial f}{\partial x}\right)=\frac{\partial^2 f}{\partial y \partial x}=f_{xy} \quad , \quad \frac{\partial}{\partial y}\left(\frac{\partial f}{\partial y}\right)=\frac{\partial^2 f}{\partial y^2}=f_{yy}$$

(10.17)

となる．f_{xy} と f_{yx} が共に連続であれば，$f_{xy}=f_{yx}$ となり，偏微分する順番によらない．

【例題 10.8】 次の関数の偏微分 f_x と f_y を求めなさい．

① $f(x,y)=x^3+y^3-4xy$　　② $f(x,y)=\sqrt{x^2+y^2}$

解答 ① y を定数とみなして，x で微分すると

$$f_x=\frac{\partial(x^3-4yx+y^3)}{\partial x}=3x^2-4y$$

同様に x を定数とみなして，y で微分すると

$$f_y=\frac{\partial(y^3-4xy+x^3)}{\partial y}=3y^2-4x$$

② $f_x=\dfrac{\partial\sqrt{x^2+y^2}}{\partial x}=\dfrac{\partial}{\partial x}(x^2+y^2)^{\frac{1}{2}}=\dfrac{x}{\sqrt{x^2+y^2}}$

$f_y=\dfrac{\partial\sqrt{x^2+y^2}}{\partial y}=\dfrac{\partial}{\partial y}(x^2+y^2)^{\frac{1}{2}}=\dfrac{y}{\sqrt{x^2+y^2}}$

【例題 10.9】 次の関数の 2 階偏微分 f_{xx}, f_{xy}, f_{yx}, f_{yy} を求めなさい．

① $f(x,y)=x^3+y^3-4xy$　　② $f(x,y)=\sqrt{x^2+y^2}$

解答 ① $f_x=3x^2-4y$, $f_{xx}=6x$, $f_{xy}=-4$

$f_y=3y^2-4x$, $f_{xx}=6y$, $f_{xy}=-4$

② $f_x=\dfrac{x}{\sqrt{x^2+y^2}}$, $f_{xx}=\dfrac{y^2}{\sqrt{(x^2+y^2)^3}}$, $f_{xy}=-\dfrac{xy}{\sqrt{(x^2+y^2)^3}}$

$$f_y = \frac{y}{\sqrt{x^2+y^2}} \; , \; f_{xx} = \frac{x^2}{\sqrt{(x^2+y^2)^3}} \; , \; f_{xy} = -\frac{xy}{\sqrt{(x^2+y^2)^3}}$$

2．全微分と合成関数の微分

・**全微分**

関数 $f(x, y)$ において全微分は

$$df = \frac{\partial f}{\partial x}dx + \frac{df}{dy}dy \tag{10.18}$$

と書き表される．多変数に対しても同様に書くことができる．$u = f(x_1, x_2, \cdots, x_n)$（$n$ は自然数）の全微分は

$$du = u_{x_1}dx_1 + u_{x_2}dx_2 + \cdots + u_{x_n}dx_n \tag{10.19}$$

となる．

・**合成関数の微分**

関数 $f(x, y)$ において，x と y が t に依存しているとき，すなわち $x = x(t)$，$y = y(t)$ ならば，

$$\frac{df}{dt} = f_x\frac{dx}{dt} + f_y\frac{dy}{dt} \tag{10.20}$$

となる．

また，関数 $z = f(x, y)$ において，x と y が u と v に依存するとき，すなわち $x = g(u, v)$，$y = h(u, v)$ ならば，

$$\frac{\partial z}{\partial u} = \frac{\partial z}{\partial x}\frac{\partial x}{\partial u} + \frac{\partial z}{\partial y}\frac{\partial y}{\partial u} \quad\quad \frac{\partial z}{\partial v} = \frac{\partial z}{\partial x}\frac{\partial x}{\partial v} + \frac{\partial z}{\partial y}\frac{\partial y}{\partial v} \tag{10.21}$$

となる.

> 【例題 10.10】 $x = r\cos\theta$, $y = r\sin\theta$ とするとき，$f(x, y)$ に対して次の式が成り立つことを示しなさい．
> $$\left(\frac{\partial f}{\partial x}\right)^2 + \left(\frac{\partial f}{\partial y}\right)^2 = \left(\frac{\partial f}{\partial r}\right)^2 + \frac{1}{r^2}\left(\frac{\partial f}{\partial \theta}\right)^2$$

解答 $x = r\cos\theta$, $y = r\sin\theta$ より $r = \sqrt{x^2 + y^2}$, $\theta = \tan^{-1}\left(\frac{y}{x}\right)$

$$\frac{\partial r}{\partial x} = \frac{\partial \sqrt{x^2 + y^2}}{\partial x} = \frac{x}{\sqrt{x^2 + y^2}} = \frac{x}{r} = \cos\theta \ , \ \frac{\partial r}{\partial y} = \frac{y}{r} = \sin\theta$$

式(10.5) より $z = \frac{y}{x}$ とおくと

$$\frac{\partial \theta}{\partial x} = \frac{\partial}{\partial x}\left(\tan^{-1}\frac{y}{x}\right) = \frac{\partial \tan^{-1} z}{\partial z} \cdot \frac{\partial}{\partial x}\left(\frac{y}{x}\right) = \frac{1}{1 + z^2}\left(-\frac{y}{x^2}\right)$$

$$= -\frac{y}{x^2 + y^2} = -\frac{\sin\theta}{r}$$

$$\frac{\partial \theta}{\partial y} = \frac{\partial}{\partial y}\left(\tan^{-1}\frac{y}{x}\right) = \frac{\partial \tan^{-1} z}{\partial z} \cdot \frac{\partial}{\partial y}\left(\frac{y}{x}\right) = \frac{1}{1 + z^2}\left(\frac{1}{x}\right)$$

$$= \frac{x}{x^2 + y^2} = \frac{\cos\theta}{r}$$

式(10.21) より

$$\frac{\partial f}{\partial x} = \frac{\partial f}{\partial r}\frac{\partial r}{\partial x} + \frac{\partial f}{\partial \theta}\frac{\partial \theta}{\partial x} = \cos\theta\frac{\partial f}{\partial r} - \frac{\sin\theta}{r}\frac{\partial f}{\partial \theta}$$

$$\frac{\partial f}{\partial y} = \frac{\partial f}{\partial r}\frac{\partial r}{\partial y} + \frac{\partial f}{\partial \theta}\frac{\partial \theta}{\partial y} = \sin\theta\frac{\partial f}{\partial r} + \frac{\cos\theta}{r}\frac{\partial f}{\partial \theta}$$

$$\left(\frac{\partial f}{\partial x}\right)^2 + \left(\frac{\partial f}{\partial y}\right)^2 = \left(\cos\theta\frac{\partial f}{\partial r} - \frac{\sin\theta}{r}\frac{\partial f}{\partial \theta}\right)^2$$

$$+ \left(\sin\theta\frac{\partial f}{\partial r} + \frac{\cos\theta}{r}\frac{\partial f}{\partial \theta}\right)^2 = \left(\frac{\partial f}{\partial r}\right)^2 + \frac{1}{r^2}\left(\frac{\partial f}{\partial \theta}\right)^2$$

演習問題 10.3

1. 次の関数 f に対して，$f_{xx}+f_{yy}$ を求めなさい．

   ① $f(x, y)=\dfrac{x}{x^2+y^2}$

   ② $f(x, y)=e^x(\cos y+\sin y)$

2. $x=r\cos\theta$，$y=r\sin\theta$ とするとき，$f(x,y)$ に対して次の式が成り立つことを示せ．

   $$\dfrac{\partial^2 f}{\partial x^2}+\dfrac{\partial^2 f}{\partial y^2}=\dfrac{\partial^2 f}{\partial r^2}+\dfrac{1}{r}\dfrac{\partial f}{\partial r}+\dfrac{1}{r^2}\dfrac{\partial^2 f}{\partial \theta^2}$$

3. $z=f\left(\dfrac{y}{x}\right)$ とするとき，次の式が成り立つことを示せ．

   $$x\dfrac{\partial z}{\partial x}+y\dfrac{\partial z}{\partial y}=0$$

章末問題 10

1. 次の関数を微分しなさい．
   ① $(x^5+3x^4-2x)^3$
   ② $\sqrt{2x^2+1}$
   ③ $\ln(x+\sqrt{x^2+1})$
   ④ $x^{\frac{1}{x}}$
   ⑤ $\tan^{-1}\dfrac{1-x}{1+x}$

2. $y=x^2-3x+2$ の点 $x=1$ での接線の方程式を求めなさい．

3. 次の関数の 2 次導関数を求めなさい．
   ① $f(x)=\sin kx$ （k は定数）
   ② $f(x)=\sqrt{x}$
   ③ $f(x)=x^2\varepsilon^x$
   ④ $f(x)=\varepsilon^{-x}\sin x$

4. 巻数 N，一辺が a[m] の正方形コイルを考える．コイルを貫く磁界を $H=H_0\sin\omega t$ で変化させるとき，コイルに誘導される起電力を求めなさい．

5. $f(x,y,z)=\dfrac{1}{\sqrt{x^2+y^2+z^2}}$ のとき，$f_{xx}+f_{yy}+f_{zz}=0$ を証明しなさい．

6. $f(x,y)$ に対して $x=u\cos\theta-v\sin\theta$，$y=u\sin\theta+v\cos\theta$ のとき（θ は定数），次の式を示しなさい．
$$\dfrac{\partial^2 f}{\partial x^2}+\dfrac{\partial^2 f}{\partial y^2}=\dfrac{\partial^2 f}{\partial u^2}+\dfrac{\partial^2 f}{\partial v^2}$$

第 11 章　積分の基本

　積分は微分の逆演算である．この章では不定積分を取り上げ，さまざまな積分の手法を説明する．一見すると積分する関数の形が同じように見えていても，同じ手法ではうまく解けなかったり，時間がかかったりする．"この関数にはこの積分手法がうまく解ける"というような勘を磨くには多くの問題を解く必要がある．できるだけ多くの問題を解いて積分に強くなって欲しい．

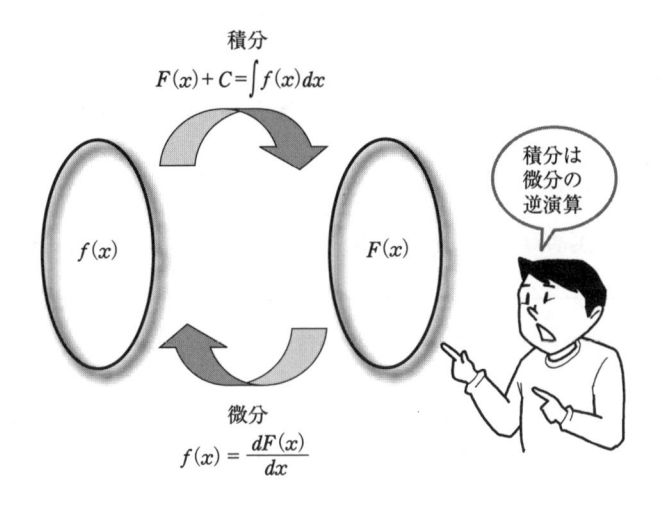

積分
$$F(x) + C = \int f(x)dx$$

$f(x)$　　$F(x)$

微分
$$f(x) = \frac{dF(x)}{dx}$$

積分は微分の逆演算

〈Keywords〉　不定積分，置換積分，部分積分，分数関数積分

11-1　不定積分

1．不定積分の基礎

微分の逆演算を考える．$F'(x)=f(x)$ のとき，$F(x)$ は $f(x)$ の**不定積分**（原始関数）といい，次のように表記する．

$$\int f(x)dx = F(x)+C \quad (C \text{ は積分定数}) \tag{11.1}$$

$\int$ は「インテグラル」とよび，$f(x)$ は**被積分関数**とよぶ．また，x^2+10 としても x^2-3 としても微分すると $2x$ となるので，不定積分は積分定数 C を加えて表現する．本書では積分定数が明らかな場合は「C は積分定数」と断らないものとする．

・**基本的な不定積分**

微分した式の逆演算から積分が求められることにより，次の公式を得る．

式(10.11)より　　$\int x^{\alpha}dx = \dfrac{x^{\alpha+1}}{\alpha+1}+C \quad (\alpha \neq -1)$ 　　(11.2)

式(10.2)より　　$\int \sin\theta\, d\theta = -\cos\theta + C$ 　　(11.3)

式(10.1)より　　$\int \cos\theta\, d\theta = \sin\theta + C$ 　　(11.4)

式(10.3)より　　$\int \dfrac{1}{\cos^2\theta} d\theta = \tan\theta + C$ 　　(11.5)

式(10.8)より　　$\int \dfrac{1}{x} dx = \ln|x| + C$ 　　(11.6)

　　(11.7)

式(10.7)より　　$\int \varepsilon^x dx = \varepsilon^x + C$ 　　(11.8)

・不定積分の公式

式(9.8)と(9.9)より次の公式が簡単に導かれる．

$$\int kf(x)dx = k\int f(x)dx \quad (k \text{ は定数}) \tag{11.9}$$

$$\int \{f(x) \pm g(x)\}dx = \int f(x)dx \pm \int g(x)dx \quad (\text{複号同順}) \tag{11.10}$$

【例題 11.1】 次の不定積分を求めなさい．また，答えを微分して被積分関数が得られることを確認しなさい．

① $\int 5x^3 dx$ ② $\int (3x^2 + 4x + 1)dx$

③ $\int \sqrt{x}\, dx$ ④ $\int \sqrt[3]{x}\, dx$

⑤ $\int \dfrac{1}{x^3} dx$ ⑥ $\int 4\varepsilon^x - 2\sin x\, dx$

解 答 ① $\int 5x^3 dx = \dfrac{5}{1+3}x^{3+1} = \dfrac{5}{4}x^4 + C$

$\left(\dfrac{5}{4}x^4 + C\right)' = 5x^3$ （以下，微分の確認は省略する）

② $\int (3x^2 + 4x + 1)dx = x^3 + 2x^2 + x + C$

③ $\int \sqrt{x}\, dx = \int x^{\frac{1}{2}} dx = \dfrac{1}{\frac{1}{2}+1}x^{\frac{1}{2}+1} + C = \dfrac{2}{3}x^{\frac{3}{2}} + C$

④ $\int \sqrt[3]{x}\, dx = \int x^{\frac{1}{3}} dx = \dfrac{3}{4}x^{\frac{4}{3}} + C$

⑤ $\int \dfrac{1}{x^3} dx = \int x^{-3} dx = -\dfrac{1}{2}x^{-2} + C$

⑥ $\int 4\varepsilon^x - 2\sin x\, dx = 4\varepsilon^x + 2\cos x + C$

2. 置換積分法

9.4節の微分の合成関数で，ある関数に置き換えることにより，簡単に微分できる例を見てきたが，同様にうまく関数を置き換えると積分が容易になることがある．この方法を**置換積分**とよぶ．

$F(x) = \int f(x)dx$ とおくと，$\dfrac{dF(x)}{dx} = f(x)$ となる．$x = g(t)$ とおくと，合成関数の微分公式より

$$\frac{d}{dt}F(g(t)) = \frac{dF(x)}{dx}\frac{dx}{dt} = f(g(t))g'(t) \tag{11.12}$$

なので，両辺を t で積分すると

$$F(g(t)) = \int f(g(t))g'(t)dt \tag{11.13}$$

となる．まとめると

$\int f(x)dx$ において，$x = g(t)$ とおき，変数を x から t に変えると，置換積分は

$$\int f(x)dx = \int f(g(t))\frac{dx}{dt}dt \quad \left(\frac{dx}{dt} = g'(t)\right) \tag{11.11}$$

で計算できる．

【例題 11.2】 次の不定積分を置換積分法で求めなさい．

① $\displaystyle\int (2x+5)^3 dx$ ② $\displaystyle\int \cos(3x+2)dx$ ③ $\displaystyle\int \frac{1}{3x-1}dx$

④ $\displaystyle\int \frac{1}{(2-x)^4}dx$ ⑤ $\displaystyle\int \frac{1}{\sqrt{3-2x}}dx$ ⑥ $\displaystyle\int \varepsilon^{2x-5}dx$

解答 ① $t=2x+5$ とおき，両辺を t で微分すると $\dfrac{dx}{dt}=\dfrac{1}{2}$

$$\int(2x+5)^3 dx = \int t^3 \cdot \dfrac{dx}{dt} dt = \int t^3 \dfrac{1}{2} dt = \dfrac{1}{8} t^4 + C = \dfrac{1}{8}(2x+5)^4 + C$$

別解 $\dfrac{dx}{dt}=\dfrac{1}{2}$ を分数のように考えて分母を払った形で書くと，$dx=\dfrac{1}{2}dt$ となる．そして，dx に代入すると同様な計算ができる．

② $t=3x+2$ とおくと $dx=\dfrac{1}{3}dt$ （①参照）

$$\int \cos(3x+2)dx = \int \cos t \cdot \dfrac{1}{3} dt = \dfrac{1}{3}\sin t + C = \dfrac{1}{3}\sin(3x+2) + C$$

③ $t=3x-1$ とおくと $dx=\dfrac{1}{3}dt$

$$\int \dfrac{1}{3x-1} dx = \int \dfrac{1}{t} \dfrac{1}{3} dt = \dfrac{1}{3}\ln|3x-1| + C$$

④ $t=2-x$ とおくと $dx=(-dt)$

$$\int \dfrac{1}{(2-x)^4} dx = \int \dfrac{1}{t^4}(-dt) = -\dfrac{1}{3}t^{-3} + C = \dfrac{1}{3(2-x)^3} + C$$

⑤ $t=3-2x$ とおくと $dx=\left(-\dfrac{1}{2}\right)dt$

$$\int \dfrac{1}{\sqrt{3-2x}} dx = \int \dfrac{1}{\sqrt{t}}\left(-\dfrac{1}{2}\right) dt = -\dfrac{1}{2}\int t^{-\frac{1}{2}} dt = -t^{\frac{1}{2}} + C$$
$$= -\sqrt{3-2x} + C$$

⑥ $t=2x-5$ とおくと $dx=\dfrac{1}{2}dt$

$$\int \varepsilon^{2x-5} dx = \int \varepsilon^t \dfrac{1}{2} dt = \dfrac{1}{2}\varepsilon^t + C = \dfrac{1}{2}\varepsilon^{2x-5} + C$$

演習問題 11.1

1. 次の不定積分を求めなさい．

① $\displaystyle\int (x+2)(x+5)dx$　② $\displaystyle\int \left(\dfrac{2\sqrt{x}-5}{\sqrt{x}}\right)dx$

③ $\int \left(\dfrac{2}{3}x - \dfrac{1}{4}\right)^5 dx$ 　　④ $\int 2\cos^2 x\, dx$

⑤ $\int \dfrac{\varepsilon^{2x}}{\sqrt{\varepsilon^x + 1}} dx$ 　　⑥ $\int \sin x \cos 3x\, dx$

2. 次の公式を導きなさい．

① $\int f(ax+b)dx = \dfrac{F(ax+b)}{a} + C \quad (a \neq 0,\ ただし\ F'(x)=f(x))$

② $\int \dfrac{f'(x)}{f(x)} dx = \ln|f(x)| + C$

③ $\int \{f(x)\}^n f'(x) dx = \dfrac{\{f(x)\}^{n+1}}{n+1} + C \quad (n \neq -1)$

3. 次の積分を求めなさい．

① $\int (2x+1)\sqrt{x+2}\, dx$ 　　② $\int \dfrac{x}{x^2+1} dx$

③ $\int \cos x \sin^4 x\, dx$ 　　④ $\int \dfrac{\ln x}{x} dx$

11-2　いろいろな積分法

1．部分積分法

合成関数の微分から置換積分が導出されるように，積の微分公式(11.4)を変形すると $f'(x)g(x) = (f(x)g(x))' - f(x)g'(x)$ となるので，両辺を積分すると

$$\int f'(x)g(x)dx = f(x)g(x) - \int f(x)g'(x)dx \tag{11.15}$$

を得る．この積分を**部分積分法**とよぶ．

【例題 11.3】　次の積分を部分積分法で求めなさい．

① $\int x\varepsilon^{5x} dx$ 　　② $\int \sqrt{x} \ln x\, dx$

解答 ① 部分積分法の公式(11.15)で $f'=\varepsilon^{5x}$, $g=x$ とすると

$$\int x\varepsilon^{5x}dx=\int\left(\frac{1}{5}\varepsilon^{5x}\right)'x\,dx=\frac{1}{5}\varepsilon^{5x}x-\int\frac{1}{5}\varepsilon^{5x}\cdot 1\,dx$$

$$=\frac{1}{5}\varepsilon^{5x}x-\frac{1}{25}\varepsilon^{5x}+C$$

② $f'=\sqrt{x}=x^{\frac{1}{2}}$, $g=\ln x$ とすると

$$\int\sqrt{x}\ln x\,dx=\int\left(\frac{2}{3}x^{\frac{3}{2}}\right)'\ln x\,dx=\frac{2}{3}x^{\frac{3}{2}}\ln x-\int\frac{2}{3}x^{\frac{3}{2}}\frac{1}{x}dx$$

$$=\frac{2}{3}x^{\frac{3}{2}}\ln x-\frac{2}{3}\int x^{\frac{1}{2}}dx=\frac{2}{3}x^{\frac{3}{2}}\ln x-\frac{4}{9}x^{\frac{3}{2}}+C$$

【例題 11.4】 次の不定積分を求めなさい．

$$\int\varepsilon^x\sin x\,dx$$

解答 $f'=\varepsilon^x, g=\sin x$ とおくと

$$I=\int\varepsilon^x\sin x\,dx=\int(\varepsilon^x)'\sin x\,dx=\varepsilon^x\sin x-\int\varepsilon^x\cos x\,dx$$

$\int\varepsilon^x\cos x\,dx$ で $f'=\varepsilon^x$, $g=\cos x$ とおくと

$$\int\varepsilon^x\cos x\,dx=\int(\varepsilon^x)'\cos x\,dx=\varepsilon^x\cos x+\int\varepsilon^x\sin x\,dx$$

したがって，$I=\varepsilon^x\sin x-(\varepsilon^x\cos x+I)$ となるので，I で解くと

$$I=\frac{1}{2}\varepsilon^x(\sin x-\cos x)+C$$

2．分数関数の積分

　分数関数の積分は，まず分子の次数が高いときは分子を分母で割り，分子の次数を低くし，**部分分数分解**を実行してから積分する．

【例題 11.5】 次の不定積分を求めなさい．

① $\displaystyle\int \frac{x^2+1}{x+1}dx$ ② $\displaystyle\int \frac{1}{x(x^2-4)}dx$

③ $\displaystyle\int \frac{x+5}{(x+1)(x-3)}dx$ ④ $\displaystyle\int \frac{x+1}{x^3-1}dx$

解答 ① $\displaystyle\int \frac{x^2+1}{x+1}dx = \int\left\{(x-1)+\frac{2}{x+1}\right\}dx$

$$= \frac{1}{2}x^2 - x + 2\ln|x+1| + C$$

② 部分分数分解を行うことにより

$$\int \frac{1}{x(x^2-4)}dx = \int\left(-\frac{1}{4}\frac{1}{x}+\frac{1}{8}\frac{1}{x+2}+\frac{1}{8}\frac{1}{x-2}\right)dx$$

$$= -\frac{1}{4}\ln|x| + \frac{1}{8}\ln|x+2| + \frac{1}{8}\ln|x-2| + C$$

$$= \frac{1}{8}\ln\frac{|x^2-4|}{x^2} + C$$

③ $\displaystyle\int \frac{x+5}{(x+1)(x-3)}dx = \int\left(-\frac{1}{x+1}+\frac{2}{x-3}\right)dx$

$$= -\ln|x+1| + 2\ln|x-3| + C = \ln\frac{(x-3)^2}{|x+1|} + C$$

④ $\displaystyle\int \frac{x+1}{x^3-1}dx = \int\left(\frac{2}{3}\frac{1}{x-1} - \frac{1}{3}\frac{2x+1}{x^2+x+1}\right)dx$

第2項目は $\displaystyle\int \frac{2x+1}{x^2+x+1}dx = \int \frac{(x^2+x+1)'}{(x^2+x+1)}dx = \ln(x^2+x+1) + C$ より

$$\int \frac{x+1}{x^3-1}dx = \frac{2}{3}\ln|x-1| - \frac{1}{3}\ln(x^2+x+1) + C$$

$$= \frac{1}{3}\ln\frac{(x-1)^2}{x^2+x+1} + C$$

演習問題 11.2

1. 次の不定積分を部分積分法で求めなさい．ただし a は定数とする．

   ① $\int x \varepsilon^{-ax} dx$

   ② $\int x \ln x \, dx$

   ③ $\int \varepsilon^x \cos x \, dx$

2. 次の不定積分を求めなさい．

   ① $\int \dfrac{x^2-2x+3}{(x+1)(x^2+1)} dx$

   ② $\int \dfrac{x-1}{(2x-1)^3} dx$

章末問題 11

1. 次の不定積分を求めなさい．ただし a は定数とする．

    ① $\displaystyle\int \sin^2 x\, dx$ ② $\displaystyle\int \frac{\varepsilon^x}{\varepsilon^x+1} dx$

    ③ $\displaystyle\int \left(\frac{2}{x^2}+\frac{3}{2x^4}+\frac{3}{x}\right) dx$ ④ $\displaystyle\int 3\varepsilon^x + 2^x\, dx$

    ⑤ $\displaystyle\int (x+1)\sin(3x+5)\, dx$ ⑥ $\displaystyle\int \ln x\, dx$

    ⑦ $\displaystyle\int \cos 3x \cos 2x\, dx$ ⑧ $\displaystyle\int \frac{1}{x^2-a^2} dx$

2. 次の不定積分を括弧の指示に従って求めなさい．ただし a は定数とする．

    ① $\displaystyle\int \frac{1}{\cos x} dx \quad (t=\sin x\ とおく)$

    ② $\displaystyle\int \frac{1}{\sqrt{a^2-x^2}} dx \quad (x=a\sin t\ とおく)$

    ③ $\displaystyle\int \frac{1}{\sqrt{(a^2-x^2)^3}} dx \quad (x=a\sin t\ とおく)$

    ④ $\displaystyle\int \frac{1}{a^2+x^2} dx \quad (x=a\tan t\ とおく)$

    ⑤ $\displaystyle\int \sqrt{a^2-x^2}\, dx \quad (x=a\sin t\ とおく)$

    ⑥ $\displaystyle\int \frac{1}{\sqrt{x^2+a}} dx \quad (\sqrt{x^2+a}=t-x\ とおく)$

    ⑦ $\displaystyle\int \sqrt{x^2+a}\, dx \quad (部分積分法で解く)$

第12章　積分の応用

　この章では，定積分と積分の応用について述べる．積分は積分範囲を指定して初めて定量的に扱うことができる．また，微分が関数の傾きを表すのに対して，定積分は関数と x 軸との面積をイメージして考えると直感的に理解しやすい．電気・電子工学で利用されることの多い積分を多く取り上げ演習を行う．そして，積分の応用例をいくつか挙げて説明する．

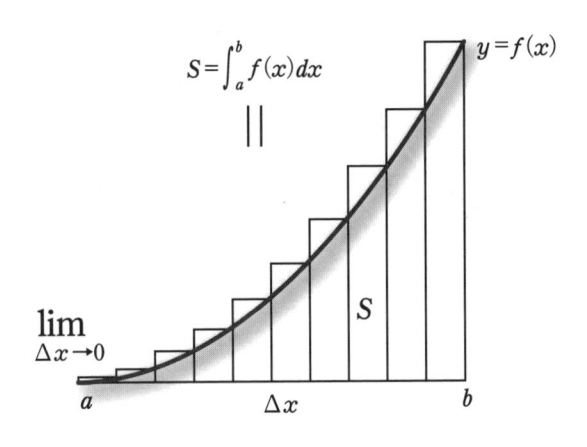

$$S = \int_a^b f(x)dx = \lim_{\Delta x \to 0}$$

〈Keywords〉　定積分，置換積分の定積分，部分積分の定積分，平均値，実効値，電位差，静電気容量，ビオ・サバールの法則

12-1 定積分

1. 定積分の基礎

関数 $f(x)$ の不定積分を $F(x)$ とするとき，$F(x)$ の a から b までの定積分は

$$\int_a^b f(x)dx = [F(x)]_a^b = F(b) - F(a) \tag{12.1}$$

で表される．また定積分は $f(x)$ と x 軸との面積を表す（図 12.1，図 12.2）．

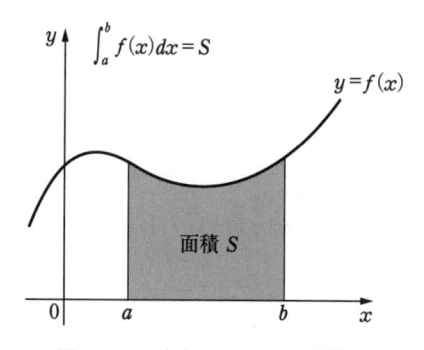

図 12.1 $f(x) > 0$ のときの定積分

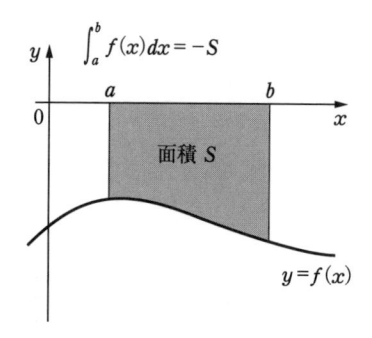

図 12.2 $f(x) < 0$ のときの定積分

【例題 12.1】 次の定積分を求めなさい．

① $\displaystyle\int_1^3 x^3 dx$ ② $\displaystyle\int_1^2 (3x^2 - 4x + 1)dx$

解答 ① $\displaystyle\int_1^3 x^3 dx = \left[\frac{1}{4}x^4\right]_1^3 = \frac{81}{4} - \frac{1}{4} = 20$

② $\displaystyle\int_1^2 (3x^2 - 4x + 1)dx = [x^3 - 2x^2 + x]_1^2 = (8 - 8 + 2) - (1 - 2 + 1) = 2$

【例題 12.2】 次の面積を求めなさい．
① $y=x$ の関数の $x=1$ から $x=2$ までの面積
② $y=\dfrac{1}{x^2}$ の関数の $x=1$ から $x=2$ までの面積

解答 ① $S=\displaystyle\int_1^2 x\,dx=\left[\dfrac{1}{2}x^2\right]_1^2=\dfrac{3}{2}$

台形の面積は $\dfrac{(上辺+下辺)\times 高さ}{2}=\dfrac{(1+2)\times 1}{2}=\dfrac{3}{2}$

となり定積分が面積であることがわかる（図12.3）．

② $S=\displaystyle\int_1^2 \dfrac{1}{x^2}dx=\left[-\dfrac{1}{x}\right]_1^2=\dfrac{1}{2}$

（グラフと面積の関係は図12.4を参照）

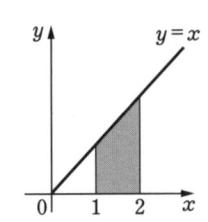

図12.3　$y=x$ のグラフと面積

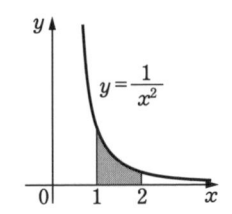

図12.4　$y=\dfrac{1}{x^2}$ のグラフと面積

2．定積分の性質

定積分には次の性質がある．関数 $f(x)$ の不定積分を $F(x)$ とする．

$$\int_a^a f(x)dx = F(a)-F(a)=0 \tag{12.3}$$

$$\int_a^b f(x)dx = F(b)-F(a) = -\{F(a)-F(b)\}$$
$$= -\int_b^a f(x)dx \tag{12.4}$$

$f(x)$ が偶関数 $(f(x)=f(-x))$ のとき：
$$\int_{-a}^{a}f(x)dx=2\int_{0}^{a}f(x)dx \tag{12.5}$$
$f(x)$ が奇関数 $(f(x)=-f(-x))$ のとき：
$$\int_{-a}^{a}f(x)dx=0 \tag{12.6}$$

式(12.5)と式(12.6)は図 12.5 と図 12.6 を見れば明らかである．

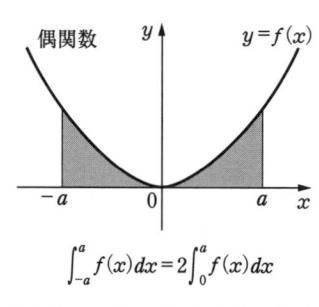

図 12.5　偶関数と定積分の性質

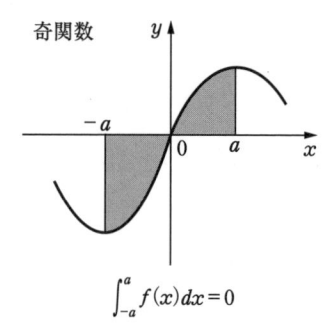

図 12.6　奇関数と定積分の性質

【例題 12.3】　次の定積分を求めなさい．

① $\int_{-1}^{1}(x^4-x^2+1)dx$　　② $\int_{-\frac{\pi}{2}}^{\frac{\pi}{2}}\sin x \cos x \, dx$

解答　① $f(x)=x^4-x^2+1$ は偶関数のため
$$\int_{-1}^{1}(x^4-x^2+1)dx=2\int_{0}^{1}(x^4-x^2+1)dx=2\left[\frac{1}{5}x^5-\frac{1}{3}x^3+x\right]_{0}^{1}=\frac{26}{15}$$

② $f(x)=\sin x \cos x$ は奇関数のため
$$\int_{-\frac{\pi}{2}}^{\frac{\pi}{2}}\sin x \cos x \, dx=0$$

3. 置換積分法（定積分）

$x = g(t)$ とおくと
$$\int_a^b f(x)dx = \int_\alpha^\beta f(g(t))\frac{dx}{dt}\,dt \quad \left(\frac{dx}{dt} = g'(t)\right) \tag{12.7}$$
ただし $b = g(\beta)$, $a = g(\alpha)$

置換積分を行うと積分範囲も変化することに注意する．

【例題 12.4】 次の定積分を求めなさい．ただし a は定数とする．

① $\displaystyle\int_0^1 (2x-1)^{10}dx$ ② $\displaystyle\int_0^{\frac{\pi}{2}} \cos^2 x \sin x\,dx$

③ $\displaystyle\int_{-a}^a \sqrt{a^2 - x^2}\,dx$ ④ $\displaystyle\int_0^1 \frac{1}{1+x^2}dx$

解答 ① $t = 2x-1$ とおくと $dt = 2dx$ となり，$0 \leq x \leq 1$ に $-1 \leq t \leq 1$ が対応して

$$\int_0^1 (2x-1)^{10}dx = \int_{-1}^1 t^{10}\cdot\frac{1}{2}dt = \left[\frac{1}{2}\frac{1}{11}t^{11}\right]_{-1}^1 = \frac{1}{11}$$

② $t = \cos x$ とおくと $dt = -\sin x\,dx$ となり，$0 \leq x \leq \frac{\pi}{2}$ に $1 \geq t \geq 0$ が対応して

$$\int_0^{\frac{\pi}{2}} \cos^2 x \sin x\,dx = \int_1^0 t^2(-dt) = \left[\frac{1}{3}t^3\right]_0^1 = \frac{1}{3}$$

③ $x = a\sin t$ とおくと $dx = a\cos t\,dt$ となり，$-a \leq x \leq a$ に $-\frac{\pi}{2} \leq t \leq \frac{\pi}{2}$ が対応して

$$\int_{-a}^a \sqrt{a^2 - x^2}\,dx = \int_{-\frac{\pi}{2}}^{\frac{\pi}{2}} a\cos t \cdot a\cos t\,dt = a^2\int_{-\frac{\pi}{2}}^{\frac{\pi}{2}} \cos^2 t\,dt$$

$$=2a^2\int_0^{\frac{\pi}{2}}\cos^2 t\,dt=a^2\int_0^{\frac{\pi}{2}}(1+\cos 2t)dt$$

$$=a^2\left[t+\frac{1}{2}\sin 2t\right]_0^{\frac{\pi}{2}}=\frac{\pi a^2}{2}$$

④　$x=\tan t$ とおくと $dx=\dfrac{1}{\cos^2 t}dt$ となり，$0\leq x\leq 1$ に $0\leq t\leq \dfrac{\pi}{4}$ が対応して

$$\int_0^1\frac{1}{1+x^2}dx=\int_0^{\frac{\pi}{4}}\cos^2 t\cdot\frac{1}{\cos^2 t}dt=\left[t\right]_0^{\frac{\pi}{4}}=\frac{\pi}{4}$$

4．部分積分法（定積分）

不定積分と同様に計算する．

$$\int_a^b f'(x)g(x)dx=[f(x)g(x)]_a^b-\int_a^b f(x)g'(x)dx \qquad (12.8)$$

【例題 12.5】　次の定積分を求めなさい．

①　$\displaystyle\int_0^{\frac{\pi}{2}}x\sin x\,dx$　　　②　$\displaystyle\int_1^{\varepsilon}x\ln x\,dx$

解　答　①　$\displaystyle\int_0^{\frac{\pi}{2}}x\sin x\,dx=\int_0^{\frac{\pi}{2}}(-\cos x)'x\,dx=[-x\cos x]_0^{\frac{\pi}{2}}+\int_0^{\frac{\pi}{2}}\cos x\,dx$

$$=[-x\cos x+\sin x]_0^{\frac{\pi}{2}}=1$$

②　$\displaystyle\int_1^{\varepsilon}x\ln x\,dx=\int_1^{\varepsilon}\left(\frac{1}{2}x^2\right)'\ln x\,dx$

$$=\left[\frac{1}{2}x^2\ln x\right]_1^{\varepsilon}-\int_1^{\varepsilon}\frac{1}{2}x\,dx=\left[\frac{1}{2}x^2\ln x-\frac{1}{4}x^2\right]_1^{\varepsilon}$$

$$=\frac{1}{4}(\varepsilon^2+1)$$

演習問題 12.1

1. 次の定積分を求めなさい．ただし a, b は定数とする．

    ① $\int_1^2 (x^2+2)dx$ 　　　　② $\int_1^2 \left(\frac{1}{x^2}+\frac{1}{x^3}\right)dx$

    ③ $\int_1^3 \frac{(x^2-1)^2}{x^4}dx$ 　　　　④ $\int_0^{\frac{\pi}{2}} \sin^2 x\, dx$

    ⑤ $\int_{-a}^{a} x\sqrt{x+a}\, dx$ 　　　　⑥ $\int_0^{\infty} x\varepsilon^{-ax}dx$

    ⑦ $\int_0^{\infty} \varepsilon^{-ax}\cos bx\, dx \quad (a>0)$ 　　⑧ $\int_0^{\frac{\pi}{2}} \cos^3 x\, dx$

2. 次の面積を求めなさい．

    ① $y=\sin x$ の関数の $x=0$ から $x=\pi$ までの面積

    ② $y=\frac{1}{x}$ の関数の $x=a$ から $x=b$ までの面積（a, b は定数）

    ③ $y=1-\varepsilon^{-x}$ の関数の $x=0$ から $x=a$ までの面積（a は定数）

12-2　積分と電気工学

積分を用いた電気工学の応用はいろいろあるが，その中の数例について説明する．

1. 平均値と実効値の計算

図 12.7 のように周期 T で繰り返される波形 $i(t)$ の**平均値**は，

$$平均値 = \frac{1}{T}\int_0^T i(t)dt \tag{12.9}$$

で表される．

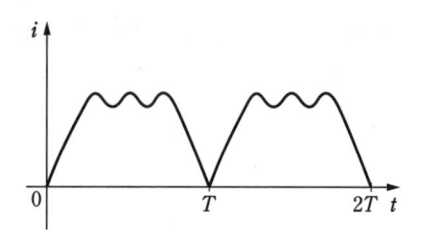

図 12.7　繰り返される一般波形

ただし，図 12.8 のように**正負が対称な波形** $i(t)$ **の平均値**は 0 になるので，半周期で考える．

$$\text{対称波形の平均値} = \frac{\int_0^{\frac{T}{2}} i(t)dt}{\left(\frac{T}{2}\right)} \tag{12.10}$$

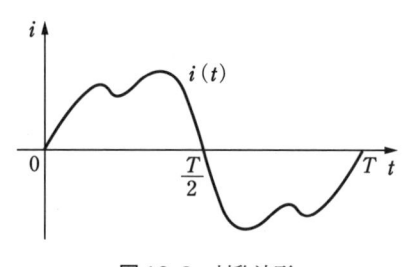

図 12.8　対称波形

実効値は次のように計算する．

$$\text{実効値} = \sqrt{\frac{\int_0^T i(t)^2 dt}{T}} \tag{12.11}$$

【例題 12.6】　正弦波交流 $i(t) = I_m \sin \omega t$ の平均値と実効値を求めなさい．

解 答 $\theta = \omega t$ とおく.正弦波交流の平均値は対称波なので周期 $T(=2\pi)$ で積分すると 0 となる.したがって

$$\text{平均値} = \frac{1}{\pi}\int_0^\pi I_m \sin\theta \, d\theta = \frac{I_m}{\pi}[-\cos\theta]_0^\pi = \frac{2}{\pi}I_m$$

$$\text{実効値} = \sqrt{\frac{1}{2\pi}\int_0^{2\pi}(I_m\sin\theta)^2 d\theta} = \sqrt{\frac{1}{2\pi}I_m^2\cdot\pi} = \frac{I_m}{\sqrt{2}}$$

$$\left(\int_0^{2\pi}\sin^2\theta \, d\theta = \int_0^{2\pi}\frac{1-\cos 2\theta}{2}d\theta = \left[\frac{x}{2}-\frac{\sin 2\theta}{4}\right]_0^{2\pi} = \pi\right)$$

図 12.9 に正弦波交流とその 2 乗の波形を示す.

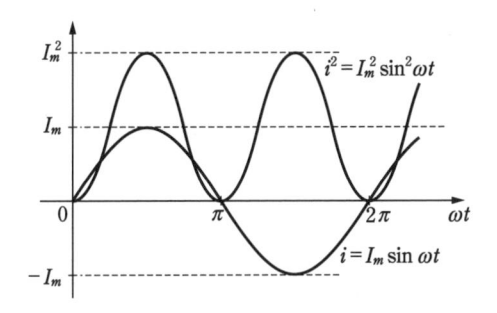

図 12.9 正弦波交流とその 2 乗値

2. 電位差と静電容量

$Q[\mathrm{C}]$ の電荷が与えられて,その電位が $V[\mathrm{V}]$ になったとき,比例係数 $C[\mathrm{F}]$ を**静電気容量**とよぶ.

$$Q = CV \ [\mathrm{C}] \tag{12.13}$$

図 12.10 のように真空中に半径 $a[\mathrm{m}]$ の導体球があるとする.電荷 $Q[\mathrm{C}]$ を与えたときの導体球の電位は,

$$V = \int_a^\infty \frac{Q}{4\pi\varepsilon_0 r^2}dr = \frac{Q}{4\pi\varepsilon_0 a} \ [\mathrm{V}]$$

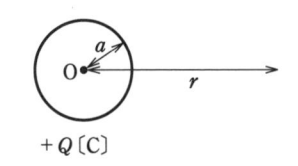

図 12.10 電荷 $Q[\mathrm{C}]$ を帯びた導体球

となる．よって静電気容量は次のとおりになる．

$$C=\frac{Q}{\frac{Q}{4\pi\varepsilon_0 a}}=4\pi\varepsilon_0 a \ [\mathrm{F}]$$

【例題 12.7】 図 12.11 のように内球の半径 a[m]，外球の半径 b[m] の同心球導体がある．外球を接地したときに導体球間の静電容量を求めなさい．ただし，導体球間に誘電率 ε[F/m] の物体を満たすとする．

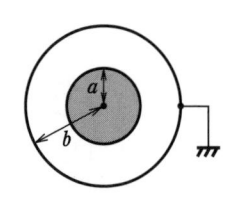

図 12.11 例題 12.7

解答 内球に $+Q$[C] の電荷を与える．導体球間の電界の強さはガウスの法則より

$$E=\frac{Q}{4\pi\varepsilon r^2} \ [\mathrm{V/m}]$$

で与えられる．導体球間の電位差は

$$V=\int_a^b \frac{Q}{4\pi\varepsilon r^2} dr = \frac{Q}{4\pi\varepsilon}\left(\frac{1}{a}-\frac{1}{b}\right) \ [\mathrm{V}]$$

$C=Q/V$ より，導体球間の静電容量は

$$C=\frac{Q}{V}=\frac{4\pi\varepsilon}{\left(\dfrac{1}{a}-\dfrac{1}{b}\right)}=4\pi\varepsilon\frac{ab}{b-a} \ [\mathrm{F}]$$

【例題 12.8】 図 12.12 のように外半径 a[m] の内電極，内半径 b[m] の外電極 ($a<b$) の同心円筒導体がある．外電極を接地した場合の，単位長さあたりの静電容量を求めなさい．ただし電極間の誘電体の比誘電率を ε_s とする．

図 12.12　例題 12.8

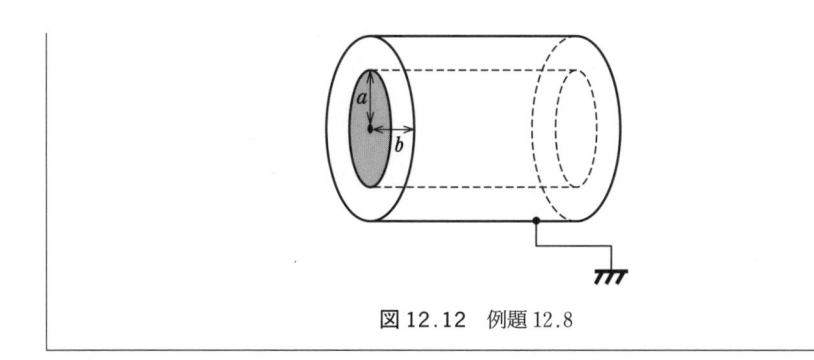

解答　内電極に単位長さあたり λ [C/m] の電荷を与える．電極間の電界の強さは

$$E = \frac{\frac{\lambda}{\varepsilon_s \varepsilon_0}}{2\pi r} = \frac{\lambda}{2\pi \varepsilon_s \varepsilon_0 r} \text{ [V/m]}$$

で与えられる．電極間の電位差は

$$V = \int_a^b \frac{\lambda}{2\pi \varepsilon_s \varepsilon_0 r} dr = \frac{\lambda}{2\pi \varepsilon_s \varepsilon_0} [\ln r]_a^b = \frac{\lambda}{2\pi \varepsilon_s \varepsilon_0} \ln \frac{b}{a} \text{ [V]}$$

となるので，静電容量は

$$C = \frac{\lambda}{V} = \frac{2\pi \varepsilon_s \varepsilon_0}{\ln \frac{b}{a}} \text{ [C]}$$

3．ビオ・サバールの法則を用いた磁界の計算

図 12.13 のように導線に電流 I [A] が流れているとき，その微小部分 Δl から任意の点 P までの距離を r [m]，微小部分の電流方向に向う接線と点 P とのなす角度を θ とすると，点 P に生じる磁界の強さは次式で表される．これを**ビオ・サバールの法則**という．

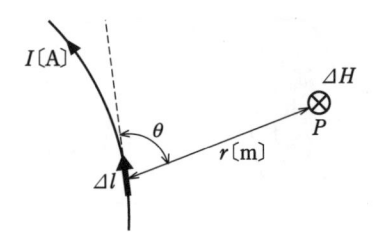

図 12.13　ビオ・サバールの法則

$$\Delta H = \frac{I \Delta l \sin\theta}{4\pi r^2} \quad [\text{A/m}] \tag{12.14}$$

【例題 12.9】 図 12.14 のように半径 a[m] の円形コイルに電流 I[A] が流れているとする．コイルの中心に生じる磁界を求めなさい．

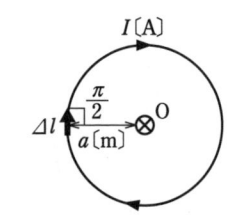

図 12.14　円形コイルの磁界

解答　微小部分 Δl の接線とコイルの中心方向とのなす角度は $\frac{\pi}{2}$ であるから，

$$\Delta H = \frac{I \Delta l \sin\frac{\pi}{2}}{4\pi a^2} = \frac{I \Delta l}{4\pi a^2}$$

したがって，円周の長さ $2\pi a$ を用いて

$$H = \int_0^{2\pi a} \frac{I}{4\pi a^2} dl = \frac{I}{2a} \quad [\text{A/m}]$$

演習問題 12.2

1. 図 12.15 のような二等辺三角波交流の平均値と実効値を求めなさい．

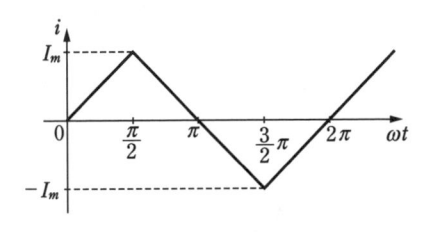

図 12.15 二等辺三角波交流

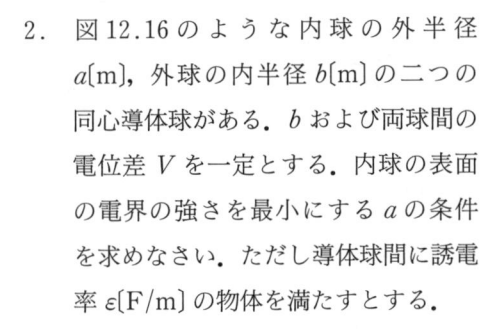

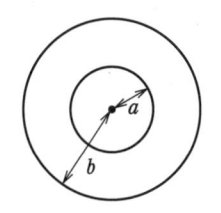

図 12.16 演習問題 12.2 2

2. 図 12.16 のような内球の外半径 a [m]，外球の内半径 b [m] の二つの同心導体球がある．b および両球間の電位差 V を一定とする．内球の表面の電界の強さを最小にする a の条件を求めなさい．ただし導体球間に誘電率 ε [F/m] の物体を満たすとする．

3. 図 12.17 のような単位長さ当たり λ [C/m] の電荷が与えられた無限長の導線がある．導線から a [m] 離れた点と b [m] 離れた点との電位差を求めなさい．

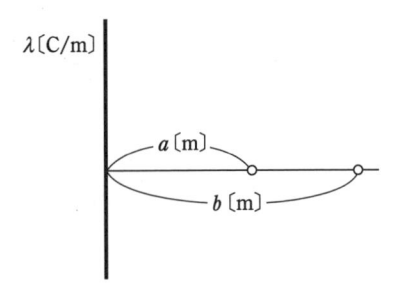

図 12.17 演習問題 12.2 3

4. 図 12.18 のような I [A] の直線電流が流れているとする．点 P に生じる磁界は次式になることを示しなさい．

$$H = \frac{I}{4\pi a} \cos(\theta_1 + \theta_2) \text{ [A/m]}$$

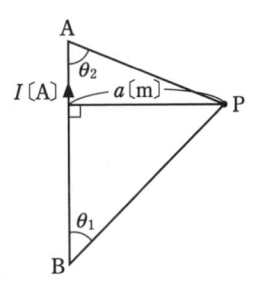

図 12.18 演習問題 12.2 4

章末問題 12

1. 次の定積分を求めなさい．ただし m, n は自然数とする．

   ① $\displaystyle\int_0^{2\pi} \sin mx \sin nx\, dx$ 　② $\displaystyle\int_0^{2\pi} \sin mx \cos nx\, dx$

   ③ $\displaystyle\int_0^{2\pi} \cos mx \cos nx\, dx$

2. 楕円 $\left(\dfrac{x}{a}\right)^2 + \left(\dfrac{y}{b}\right)^2 = 1$ の面積を求めなさい．

3. 図 12.19 のように半径 a〔m〕および b〔m〕の二つの導体球 A, B が d〔m〕離れている．誘電率 ε〔F/m〕の媒質中において，A と B の導体球にそれぞれ $+Q$〔C〕，$-Q$〔C〕の電荷を与えたときの両球間の静電気容量を求めなさい．ただし，$d \gg a$, $d \gg b$ として扱ってよい．

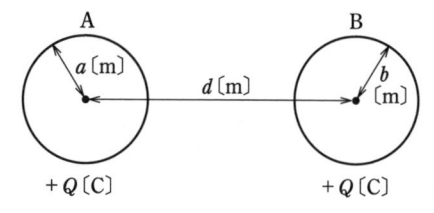

   図 12.19　章末問題 12 3

4. 図 12.20 のように半径 a〔m〕の円形コイル A と半径 b〔m〕の円形コイル B が d〔m〕離れて配置されている．コイル A の電流が I_A〔A〕，コイル B の電流が I_B 逆方向に流れているとする．コイル A の中心からコイル B の中心への直線を考えたとき，コイル A の中心からの距離 x〔m〕の点 P での磁界を求めなさい．

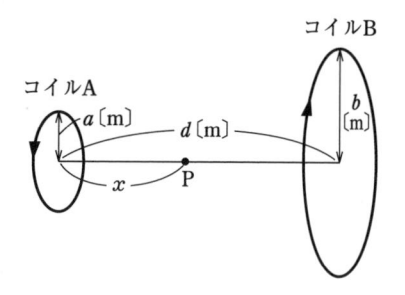

   図 12.20　章末問題 12 4

第13章 微分方程式

　微分方程式は，物事の状態が変化をしていく様子を数式で表したものである．したがって，世の中の多くの現象は微分方程式で表現することが可能である．電気回路では，例えば，過渡現象において電流の流れかたを解析する場合などに微分方程式が使用される．実際の微分方程式では，その解を求めることができない場合や解自体が存在しない場合も多い．この章では，解が存在し，かつ比較的簡単に解くことのできる常微分方程式を前提として基本的な解法について学ぶ．

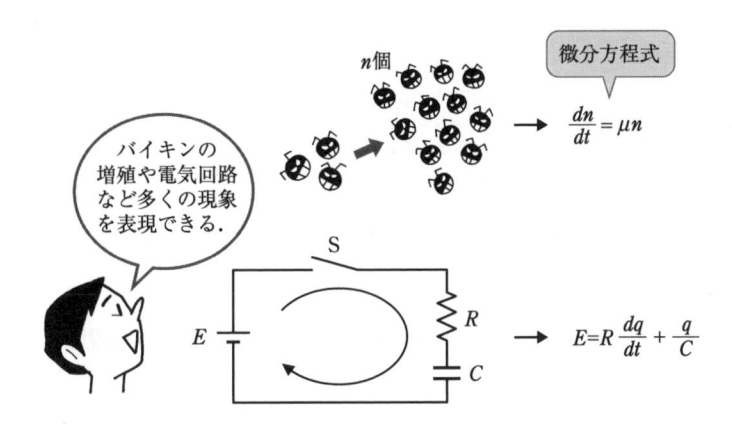

$$\frac{dn}{dt} = \mu n$$

$$E = R\frac{dq}{dt} + \frac{q}{C}$$

バイキンの増殖や電気回路など多くの現象を表現できる．

〈Keywords〉　常微分方程式，偏微分方程式，階数，一般解，特殊解，直接積分形，変数分離形，同次形，1階線形微分方程式，2階線形微分方程式，同次方程式

13-1 微分方程式の基礎

1. 微分方程式とは

微分方程式は，常微分方程式と偏微分方程式に大別できる．

・常微分方程式

変数 y が x の1変数関数であるときに，x，y，及び y の微分 $(y', y'', \cdots)$ を含んでいる方程式である．本章では，この微分方程式のみを扱うこととする．

(例) $y' = 4x + y$ $\left(y' = \dfrac{dy}{dx}, \ y'' = \dfrac{d^2 y}{dx^2} \right)$

$xy'' - y' = -\dfrac{2}{x} - \log x$

・偏微分方程式

変数 z が x と y の2変数関数（3変数以上の場合も同様）であるときに，x，y，z，及び z の偏微分 $(Z_x, Z_y, Z_{xx}, Z_{xy}, \cdots)$ を含んでいる方程式である．

(例) $xz_x - yz_y = 0$ $\left(z_x = \dfrac{\partial z}{\partial x}, \ z_y = \dfrac{\partial z}{\partial y} \right)$

$\dfrac{\partial^2 z}{\partial x^2} + \dfrac{\partial^2 z}{\partial y^2} = 0$

微分方程式の中に含まれる微分の最高階数を，その微分方程式の**階数**とよぶ．

(例) $y' = 4x + y$ $\longrightarrow$ 1階常微分方程式

$xy'' - y' = -\dfrac{2}{x} - \log x$ $\longrightarrow$ 2階常微分方程式

$\dfrac{\partial^2 z}{\partial x^2} + \dfrac{\partial^2 z}{\partial y^2} = 0$ $\longrightarrow$ 2階偏微分方程式

ある微分方程式を満足する関数を，その微分方程式の**解**といい，解を求めることを"微分方程式を解く"という．また，n 階微分方程式において，任意定数が n 個の解を**一般解**，任意定数に特定の値を代入して得られる解を**特殊解**という．n 階微分方程式を解く場合に指定する x の値の条件を**初期条件**，x の範囲の条件を**境界条件**という．これらの条件は，任意定数と同じ数が必要となる．

【例題 13.1】 次の微分方程式を解いて，得られた関数 $y=cx^2$ が一般解であることを確認しなさい．また，$y(3)=2$ の初期条件を満たす特殊解を求めなさい．ただし，c は実数とする．
$$xy'-2y=0$$

解 答　$y'=(cx^2)'=2cx$

y と y' を与えられた微分方程式に代入する．
$$x(2cx)-2(cx^2)=0$$
よって，$y=cx^2$ は，一般解であることが確認できた．また，$x=3$，$y=2$ を一般解に代入すると
$$2=c3^2 \text{ より } c=\frac{2}{9}$$
ゆえに，求める特殊解は，
$$y=\frac{2}{9}x^2 \text{ となる．}$$

【例題 13.2】 次の関数は，ある微分方程式を解いて得られた一般解である．もとの微分方程式を求めなさい．
$$y=cx$$

解 答　$y'=(cx)'=c$

これを，与式 $y=cx$ に代入すると，次の微分方程式が得られる．
$$y=y'x$$

2．変数分離形

式(13.1)で表される微分方程式は，**変数分離形**といい，次の手順で解くことができる．

第13章 微分方程式

$$g(y)\frac{dy}{dx}=f(x) \qquad (13.1)$$

● **変数分離形の解法手順**

① 微分方程式を式(13.1)の形に変形する．
② 両辺を x で積分する．

$$\int\left\{g(y)\frac{dy}{dx}\right\}dx=\int f(x)dx$$

$$\int g(y)dy=\int f(x)dx$$

よって，$G(y)=F(x)+C$ （C：任意定数）
③ 式を整理して，一般解を得る．
④ 初期条件を代入して，特殊解を得る．

【例題 13.3】 次に示す変数分離形の微分方程式の一般解を求めなさい．
$(1-x)y'+xy=2x$

解答

$$\frac{1}{y-2}\frac{dy}{dx}=\frac{x}{x-1} \quad (ただし，x\neq 1,\ y\neq 2)$$

$$\int\left(\frac{1}{y-2}\frac{dy}{dx}\right)dx=\int\left(1+\frac{1}{x-1}\right)dx$$

$$\ln|y-2|=x+\ln|x-1|+C$$
$$=\ln\varepsilon^x+\ln|x-1|+\ln\varepsilon^C=\ln(\varepsilon^x\varepsilon^C|x-1|)$$

$$y-2=\pm\varepsilon^x\varepsilon^C(x-1)$$

$$y=\pm C\varepsilon^x(x-1)+2$$

この一般解は，$x=1$，$y=2$ を満たす．

3．同次形

式(13.2)で表される微分方程式は，**同次形**といい，次の手順で解くことができる．

$$\frac{dy}{dx} = f\left(\frac{y}{x}\right) \tag{13.2}$$

● 同次形の解法手順

① 微分方程式を式(13.2)の形に変形する．

② $\frac{y}{x} = u$ として，式(13.2)に代入し，u と x の式に変換する．

$y = ux$ の両辺を x で微分する．
$$y' = (ux)' = u'x + ux' = u'x + u$$

これを式(13.2)に代入し変形すると，変数分離形の微分方程式が得られる．
$$u'x + u = f(u)$$
$$u'x = f(u) - u$$
$$\frac{1}{f(u) - u} \cdot \frac{du}{dx} = \frac{1}{x} \quad (\text{ただし，} f(u) - u \neq 0)$$

③ 得られた変数分離形の式の両辺を x で積分して，u の関数 $G(u)$ を得る．
$$\int \left(\frac{1}{f(u) - u} \cdot \frac{du}{dx}\right) dx = \int \frac{1}{x} dx$$
$$\int \frac{1}{f(u) - u} du = \int \frac{1}{x} dx$$
$$G(u) = \ln|x| + C$$

④ $u = \frac{y}{x}$ として式を整理し，一般解を得る．

⑤ $f(u) - u = 0$ を満たす定数 $u = a$ が存在する場合には，$y = ax$ が解に含まれるかどうか確認する．

⑥ 初期条件を代入して，特殊解を得る．

【例題 13.4】 次に示す同次形の微分方程式の一般解を求めなさい．
$$(x-y)y' = 2y$$

解答
$$\frac{dy}{dx} = \frac{2y}{x-y} = \frac{2\frac{y}{x}}{1-\frac{y}{x}}$$

以上より，この微分方程式は同次形であることがわかる．

$\frac{y}{x} = u$ を上式に代入する．

$$\frac{dy}{dx} = \frac{2u}{1-u}$$

$y' = u'x + u$ より，$x\frac{du}{dx} + u = \frac{2u}{1-u}$

$$x\frac{du}{dx} = \frac{2u}{1-u} - u = \frac{u(1+u)}{1-u}$$

よって，次の変数分離形の式が得られる．

$$\frac{dx}{x} = \frac{1-u}{u(1+u)}du = \left(\frac{1}{u} - \frac{2}{1+u}\right)du \quad (ただし，u \neq 0, -1)$$

両辺を積分する．

$$\ln|x| = \ln|u| - 2\ln|1+u| + C = \ln\frac{|u|}{(1+u)^2} + \ln \varepsilon^c$$

よって，$\quad x = \frac{u}{(1+u)^2}\varepsilon^c$

$u = \frac{y}{x}$ を代入して，ε^c を新たに C とおく．

$$\left(1+\frac{y}{x}\right)^2 x = C\frac{y}{x}$$

$$(x+y)^2 = Cy$$

この一般解は，$u=0$，$u=-1$ ($y=0$，$y=-x$) を満たす．

【例題 13.5】 次の同次形の微分方程式の一般解を求めなさい.
$$y' = \frac{2y - x}{x}$$

解 答　$\dfrac{dy}{dx} = 2\dfrac{y}{x} - 1$　（同次形）

$\dfrac{y}{x} = u$ として，$\dfrac{dy}{dx} = 2u - 1$

$y' = u'x + u$ より，$x\dfrac{du}{dx} + u = 2u - 1$

$x\dfrac{du}{dx} = u - 1$

$\dfrac{du}{u-1} = \dfrac{dx}{x}$　（変数分離形）（ただし，$u \neq 1$）

$\ln|x| = \ln|u-1| + C = \ln|u-1| + \ln \varepsilon^C$

$x = (u-1)C$

$u = \dfrac{y}{x}$ を代入して，$x = \left(\dfrac{y}{x} - 1\right)C$

$y = Cx^2 + x$

この一般解は，$u = 1\,(y = x)$ を満たす.

演習問題 13.1

1. 関数 $y = Cx^2$ は，ある微分方程式を解いて得られた一般解である．もとの微分方程式を求めなさい．また，初期条件 $x = 3$, $y = 18$ を満たす特殊解を求めなさい．

2. 次の微分方程式の一般解を求めなさい．
　① $x + yy' = 0$　　② $y'(x+y) = x - y$

13-2 線形微分方程式

1. 1階線形微分方程式

$P(x)$, $Q(x)$ が x の関数であるとき,式(13.3)で表される微分方程式を **1階線形微分方程式**とよぶ.この式は,y' と y の1次式になっている.

$$y' + P(x)y = Q(x) \tag{13.3}$$

式(13.3)において,右辺が $Q(x)=0$ の場合の式を**同次方程式**,$Q(x) \neq 0$ の場合の式を**非同次方程式**という.例えば,次式は1階線形同次微分方程式とよばれる.1階線形同次微分方程式は,変数分離形と等価である.

$$y' + 4xy = 0 \quad (1 \text{階線形同次微分方程式})$$

・**同次方程式の一般解**

$$y' + P(x)y = 0$$

$$\frac{1}{y}\frac{dy}{dx} = -P(x) \quad (\text{変数分離形})$$

$\ln|y| = -\int P(x)dx + C$ より,

$$y = C \cdot \varepsilon^{-\int P(x)dx} \tag{13.4}$$

・**非同次方程式の一般解**

上式の任意定数 C を x の関数 $C(x)$ と考え,式(13.5)を得る.

$$y = C(x)\varepsilon^{-\int P(x)dx} \tag{13.5}$$

この式が,もとの微分方程式の解となるように $C(x)$ を決める(**定数変化法**という).式(13.5)を式(13.3)に代入する.

$$\{C(x)\varepsilon^{-\int P(x)dx}\}' + P(x)\{C(x)\varepsilon^{-\int P(x)dx}\} = Q(x)$$

$$C'(x)\varepsilon^{-\int P(x)dx} + C(x)\{\varepsilon^{-\int P(x)dx}\}' + C(x)P(x)\varepsilon^{-\int P(x)dx} = Q(x)$$

$$C'(x)\varepsilon^{-\int P(x)dx} + C(x)\{-P(x)\}\varepsilon^{-\int P(x)dx} + C(x)P(x)\varepsilon^{-\int P(x)dx} = Q(x)$$

$$C'(x) = Q(x)\varepsilon^{\int P(x)dx}$$

両辺を x で積分する．

$$C(x) = \int \{Q(x)\varepsilon^{\int P(x)dx}\}dx + C \tag{13.6}$$

式(13.6)を式(13.5)に代入する．

$$\boxed{y = \varepsilon^{-\int P(x)dx}\left\{\int \varepsilon^{\int P(x)dx}Q(x)dx + C\right\}} \tag{13.7}$$

式(13.7)において $Q(x)=0$ とおくと同次方程式の一般解の式(13.4)と一致する．

また，線形微分方程式(13.3)において，1つの特殊解 y_1 がわかっていれば，一般解 y は，式(13.8)で求めることができる．式(13.8)は，y_1 と同次方程式の一般解の和である．

$$\boxed{y = y_1 + C\varepsilon^{-\int P(x)dx}} \tag{13.8}$$

【例題 13.6】 次の微分方程式の一般解及び，初期条件 $i(0)=0$ における特殊解を求めなさい．

$$E = L\frac{di}{dt} + Ri$$

解 答
$$\frac{di}{dt} + \frac{R}{L}i = \frac{E}{L} \quad (1階線形非同次微分方程式)$$

式(13.7)より，

$$i = \varepsilon^{-\int \frac{R}{L}dt}\left(\int \frac{E}{L}\varepsilon^{\int \frac{R}{L}dt}dt + C\right)$$

$$= \varepsilon^{-\frac{R}{L}t}\left(\frac{E}{L}\int \varepsilon^{\frac{R}{L}t}dt + C\right)$$

$$= \varepsilon^{-\frac{R}{L}t}\left(\frac{E}{L}\cdot\frac{L}{R}\varepsilon^{\frac{R}{L}t}+C\right)$$

$$= \frac{E}{R}(1+C\varepsilon^{-\frac{R}{L}t}) \quad (一般解)$$

$i(0)=0$ のとき，つまり $t=0$ のとき $i=0$ の初期条件を代入すると $C=-1$ より次式が得られる．

$$i=\frac{E}{R}(1-\varepsilon^{-\frac{R}{L}t}) \quad (特殊解) \qquad (注)\ 例題 15.8 参照$$

2．2階線形微分方程式

$P(x)$, $Q(x)$, $R(x)$ が x の関数であるとき，式(13.9)で表される微分方程式を**2階線形微分方程式**とよぶ．

$$y''+P(x)y'+Q(x)y=R(x) \tag{13.9}$$

式(13.9)において，右辺が $R(x)=0$ の場合の式を**同次方程式**，$R(x)\neq 0$ の場合の式を**非同次方程式**という．例えば，次式は2階線形同次微分方程式とよばれる．

$$y''+3y'+4y=0 \quad (2階線形同次微分方程式)$$

ここでは，簡単に解くことのできる2階線形微分方程式を対象にした解法について解説する．

● 2階線形方程式の解法 1

式(13.10)の形式で表すことのできる2階線形微分方程式は，次のように解くことができる．

$$y''=R(x) \tag{13.10}$$

両辺を x で積分して次式を得る．

$$y' = \int R(x)dx + C_1$$

さらに x で積分すると，一般解の式(13.11)が求められる．2回の積分を行ったために，任意定数が2個含まれていることに注意されたい．

$$y = \iint R(x)dxdx + C_1 x + C_2 \tag{13.11}$$

● 2階線形方程式の解法2

式(13.12)のように，定数 p, q によって表された2階線形同次微分方程式の解法を考える．

$$y'' + py' + qy = 0 \tag{13.12}$$

上式は，1階微分の項を持たない**標準形**とよばれる式(13.13)に変形することができる（章末問題 13 の 5 参照）．

$$z'' + kz = 0 \quad (k：定数) \tag{13.13}$$

標準形の一般解は，公式(13.14)〜(13.16)を使用して求めることができる．

$$\frac{d^2}{dx^2}\sin \lambda x = -\lambda^2 \sin \lambda x \tag{13.14}$$

$$\frac{d^2}{dx^2}\cos \lambda x = -\lambda^2 \cos \lambda x \tag{13.15}$$

$$\frac{d^2}{dx^2}\varepsilon^{\pm \lambda x} = \lambda^2 \varepsilon^{\pm \lambda x} \tag{13.16}$$

式(13.13)において，次の①〜③の場合分けを考える．

① $k = \lambda^2 > 0$ のとき

式(13.14)において，$z = \sin \lambda x$ または，式(13.15)において，$z = \cos \lambda x$ とお

くと，式(13.17)が得られ，この z は特殊解であることがわかる．
$$z'' + \lambda^2 z = 0 \tag{13.17}$$

② $k = -\lambda^2 < 0$ のとき

式(13.16)において，$z = \varepsilon^{\pm \lambda x}$ とおくと，式(13.18)が得られ，この z は特殊解であることがわかる．
$$z'' - \lambda^2 z = 0 \tag{13.18}$$

③ $k = 0$ のとき

式(13.19)が得られ，この式の両辺を2回積分した，$z = C_1 x + C_2$ は一般解であることがわかる．
$$z'' = 0 \tag{13.19}$$

式(13.17)の一般解は次のようにして求めることができる．例えば，特殊解 $z = \cos \lambda x$ の定数倍もやはり特殊解になることを利用して，変数 x の関数 $C(x)$ を考えて定数変化法（182ページ参照）を用いる．式(13.20)を考えて微分を行う．
$$z = C(x) \cos \lambda x \tag{13.20}$$
$$z' = -\lambda C(x) \sin \lambda x + C'(x) \cos \lambda x$$
$$z'' = -\lambda^2 C(x) \cos \lambda x - 2\lambda C'(x) \sin \lambda x + C''(x) \cos \lambda x$$

z'' を式(13.17)に代入すると，$C'(x)$ に関する1階微分方程式(13.21)が得られる．
$$C''(x) \cos \lambda x - 2\lambda C'(x) \sin \lambda x = 0 \tag{13.21}$$

両辺に $\cos \lambda x$ を掛けて得た式の両辺を積分する．
$$C''(x) \cos^2 \lambda x + 2 C'(x) \cos \lambda x (-\lambda \sin \lambda x) = \frac{d}{dx}(C'(x) \cos^2 \lambda x) = 0$$
$$C'(x) \cos^2 \lambda x = C_1$$

この式を $C'(x)$ について解き，$t = \tan \lambda x$ とおいて置換積分を行うと式(13.22)となる．
$$C(x) = C_1 \int \frac{1}{\cos^2 \lambda x} dx + C_2 = \frac{C_1}{\lambda} \tan \lambda x + C_2 \tag{13.22}$$

上式を式(13.20)に代入すると，一般解の式(13.23)が得られる．

$$z = C_1 \sin \lambda x + C_2 \cos \lambda x \qquad (13.23)$$

同様に計算すると，式(13.18)の一般解の式(13.24)が得られる．

$$z = C_1 \varepsilon^{\lambda x} + C_2 \varepsilon^{-\lambda x} \qquad (13.24)$$

【例題 13.7】 次の2階線形微分方程式の一般解を求めなさい．
① $y'' = ax$ ② $y'' - 2y' - 3y = 0$

解答 ① 式(13.11)より，
$$y = \iint ax\, dx\, dx + C_1 x + C_2 = \frac{a}{6} x^3 + C_1 x + C_2$$

② $y = \varepsilon^x z(x)$ とすると，$z'' - 4z = 0$ の標準形となる．
この式は，式(13.18)における $k = -4 < 0\,(\lambda^2 = 4)$ である．式(13.24)より，
$$y = \varepsilon^x z(x) = \varepsilon^x (C_1 \varepsilon^{2x} + C_2 \varepsilon^{-2x}) = C_1 \varepsilon^{3x} + C_2 \varepsilon^{-x}$$

演習問題 13.2

1. 次の1階線形微分方程式の一般解を求めなさい．
    ① $xy' + 2y = 0$
    ② $y' - 2y = \varepsilon^{3x}$
2. 次の2階線形微分方程式の一般解を求めなさい．
    ① $y'' = x\varepsilon^x$
    ② $y'' - y' - 2y = 0$

章末問題 13

1. 次の関数は，ある微分方程式を解いて得られた一般解である．もとの微分方程式を求めなさい．

   ① $y = C\varepsilon^{-5x}$ ② $y = C_1\varepsilon^x + C_2 x\varepsilon^x$

2. 次の微分方程式の一般解を求めなさい．ただし，これらの微分方程式は変数分離形である．

   ① $y' = 1 - y^2$ ② $y'y = \varepsilon^x$

3. 次の微分方程式の一般解を求めなさい．ただし，これらの微分方程式は同次形である．

   ① $y'xy = x^2 + 2y^2$ ② $yy' = 2y - x$

4. 次の1階線形微分方程式の一般解を求めなさい．

   ① $2y' - y = 0$ ② $y' - y = x$

5. 式(1)で表される2階線形同次微分方程式は，標準形とよばれる式(2)に変形できることを示せ．ヒント：$y(x) = f(x)z(x)$ とおいて考えよ．

$$y'' + py' + qy = 0 \tag{1}$$

$$z'' + kz = 0 \quad (k：定数) \tag{2}$$

6. 次の2階線形微分方程式の一般解を求めなさい．

   ① $y'' - x^2\varepsilon^x = 0$ ② $y'' - 2y' + 5y = 0$

7. 図 13.1 に示す RC 直列回路において，時間 $t=0$ でスイッチ S を閉じた後，回路に流れる電流 i は次の微分方程式で表すことができる．この微分方程式を解きなさい．

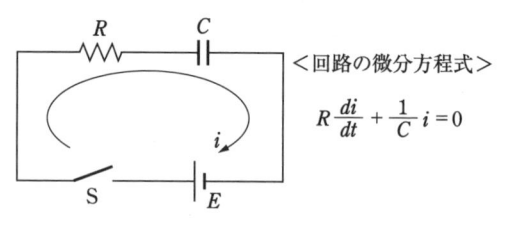

<回路の微分方程式>

$$R\frac{di}{dt} + \frac{1}{C}i = 0$$

図 13.1 　RC 直列回路

第14章 フーリエ級数

　同じ波形が繰り返して現れる周期関数は，三角関数の無限級数に分解することができ，この無限級数をフーリエ級数という．そして，フーリエ級数の性質を利用して，時間の領域で表現された波形を周波数の領域で表現された波形に変換することをフーリエ変換，これと逆の変換をフーリエ逆変換という．これらの手法は，音声認識や電磁放射などの各種信号解析や，信号からの雑音除去など，非常に多くの分野に応用されている．この章では，フーリエ級数及び，基本的なフーリエ変換，フーリエ逆変換の方法について学ぶ．

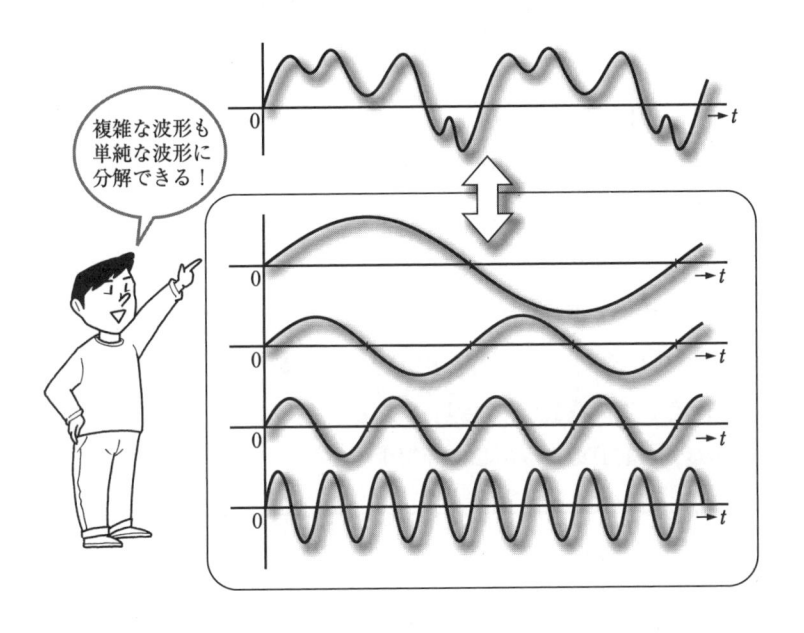

複雑な波形も単純な波形に分解できる！

〈Keywords〉　フーリエ級数，フーリエ係数，高調波，フーリエ変換，フーリエ逆変換，インパルス，偶関数，奇関数，スペクトル，周波数成分

14-1 フーリエ級数の基礎

1. フーリエ級数とは

図 14.1 に示すように，横軸を時間 t として同じ波形が繰り返して現れる周期関数 $f(t)$ は，式(14.1)に示す三角関数の無限級数に分解することができる（$\sum$ 記号については，192 ページのコラム参照）．この無限級数を**フーリエ**（Fourier）**級数**という．

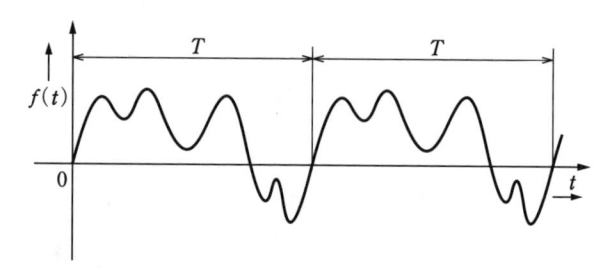

図 14.1 周期関数の波形例

$$f(t) = a_0 + \sum_{n=1}^{\infty} a_n \cos n\omega t + \sum_{n=1}^{\infty} b_n \sin n\omega t \tag{14.1}$$

式(14.1)の a_0 は直流成分（周期 T における関数 $f(t)$ の平均値），係数 a_n と b_n ($n \geq 1$) は第 n 次の高調波を表す．a_0, a_n, b_n は，**フーリエ係数**とよばれ，式(14.2)から式(14.4)のようにして計算することができる．

$$a_0 = \frac{1}{T} \int_{-\frac{T}{2}}^{+\frac{T}{2}} f(t) dt \tag{14.2}$$

$$a_n = \frac{2}{T} \int_{-\frac{T}{2}}^{+\frac{T}{2}} f(t) \cos n\omega t dt \tag{14.3}$$

$$b_n = \frac{2}{T} \int_{-\frac{T}{2}}^{+\frac{T}{2}} f(t) \sin n\omega t dt \tag{14.4}$$

また，角速度 ω は，波形の周期を T とすると $\omega=\dfrac{2\pi}{T}$ となる．

フーリエ級数は，時間の領域で表された波形を，周波数の領域で表した信号へ変換する働きがある．つまり，横軸を時間 t とした波形から，図14.2に示すように，横軸を周波数 f とした**スペクトル**とよばれる離散的な信号への変換であると考えることができる．各スペクトルの周波数は，基本周波数 $f=\dfrac{1}{T}$ の整数倍（これを**高調波**とよぶ）となり，振幅の大きさはフーリエ係数 a_n，b_n の値によって決まる．たとえ周波数スペクトルが無限個の高調波をもつ場合であっても，n の増加に伴って振幅が無視できるくらい小さくなれば，実用上は有限個の高調波のみを扱って問題を解析することができる．

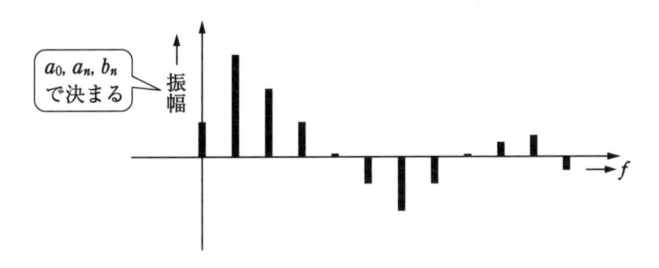

図14.2 周波数スペクトルの例

また，フーリエ級数には，次の性質がある．
① 関数 $f(t)$ が偶関数（波形が縦軸 y に関して対称）の場合には，$f(t)=f(-t)$ が成立し，フーリエ級数は cos 項だけとなる．
② 関数 $f(t)$ が奇関数（波形が原点に関して対称）の場合には，$f(t)=-f(-t)$ が成立し，フーリエ級数は sin 項だけとなる．
③ $f\left(t+\dfrac{T}{2}\right)=f(t)$ が成立する場合には，偶数の高調波成分だけとなる．
④ $f\left(t+\dfrac{T}{2}\right)=-f(t)$ が成立する場合には，奇数の高調波成分だけとなる．

【例題 14.1】 図 14.3 に示す方形波をフーリエ級数で表した場合の式の概要を答えなさい．

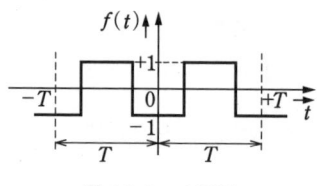

図 14.3 方形波

解答 周期 T での振幅の平均値は 0 であるため直流成分 $a_0=0$，偶関数であるため cos 項のみとなる．また，上記フーリエ級数の性質④により奇数項のみからなる式となることがわかる．実際のフーリエ級数は，次式のようになる．

$$f(t) = -\frac{4}{\pi}\left(\cos \omega t - \frac{1}{3}\cos 3\omega t + \frac{1}{5}\cos 5\omega t - \frac{1}{7}\cos 7\omega t + \cdots \right)$$

コラム
Σ記号

Σ（シグマ）は，式(14.5)に示すように，数列の和を表すのに使用される記号である（k, n は整数）．

$$\sum_{k=1}^{n} a_k = a_1 + a_2 + a_3 + \cdots + a_n \tag{14.5}$$

Σ 記号の計算規則を，式(14.6)〜式(14.8)に示す．

$$\sum_{k=1}^{n}(a_k + b_k) = \sum_{k=1}^{n} a_k + \sum_{k=1}^{n} b_k \tag{14.6}$$

$$\sum_{k=1}^{n} c a_k = c \sum_{k=1}^{n} a_k \quad (c：定数) \tag{14.7}$$

$$\sum_{k=1}^{n} c = nc \quad (c:定数) \tag{14.8}$$

また，自然数の累乗の和については，式(14.9)～式(14.11)が成立する．

$$\sum_{k=1}^{n} k = 1 + 2 + 3 + \cdots + n = \frac{1}{2}n(n+1) \tag{14.9}$$

$$\sum_{k=1}^{n} k^2 = 1^2 + 2^2 + 3^2 + \cdots + n^2 = \frac{1}{6}n(n+1)(2n+1) \tag{14.10}$$

$$\sum_{k=1}^{n} k^3 = 1^3 + 2^3 + 3^3 + \cdots + n^3 = \frac{1}{4}n^2(n+1)^2 = \left(\sum_{k=1}^{n} k\right)^2 \tag{14.11}$$

2. 代表的なフーリエ級数

代表的な波形に対するフーリエ級数を式(14.12)～式(14.15)に示す．式の導出については，例題と演習問題で確認されたい．

・**対称方形波**（y軸に関して対称な偶関数）

$$f(t) = \frac{4}{\pi}\left(\cos \omega t - \frac{1}{3}\cos 3\omega t + \frac{1}{5}\cos 5\omega t - \cdots\right) \tag{14.12}$$

・**反対称方形波**（y軸に関しての対称性を考えると，$+1$と-1が反対）

$$f(t) = \frac{4}{\pi}\left(\sin \omega t + \frac{1}{3}\sin 3\omega t + \frac{1}{5}\sin 5\omega t + \cdots\right) \tag{14.13}$$

・**三角波**

$$f(t) = \frac{8}{\pi^2}\left(\cos \omega t + \frac{1}{9}\cos 3\omega t + \frac{1}{25}\cos 5\omega t + \cdots\right) \tag{14.14}$$

・のこぎり波

$$f(t) = \frac{2}{\pi}\left(\sin \omega t - \frac{1}{2}\sin 2\omega t + \frac{1}{3}\sin 3\omega t - \cdots\right) \quad (14.15)$$

【例題 14.2】 図 14.4 に示した対称方形波のフーリエ級数を導出しなさい。

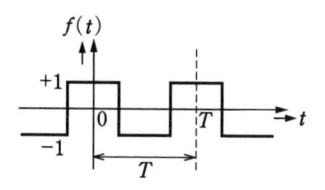

図 14.4 対称方形波

解 答　図 14.4 の波形は，周期 T での振幅の平均値は 0 であるため直流成分 $a_0=0$，偶関数であるため sin 項を表す係数 $b_n=0$ となる（例題 14.1 参照）。したがって，式(14.3)を用いて，係数 a_n を計算する．．

時間 t が $-\dfrac{T}{2} \sim +\dfrac{T}{2}$ の範囲では，次の関係が成立する．

$$-\frac{T}{2} < t \leq -\frac{T}{4} \text{ のとき } f(t) = -1$$

$$-\frac{T}{4} < t \leq +\frac{T}{4} \text{ のとき } f(t) = +1$$

$$+\frac{T}{4} < t \leq +\frac{T}{2} \text{ のとき } f(t) = -1$$

これより，式(14.3)は，次のように計算できる．

$$a_n = \frac{2}{T}\int_{-\frac{T}{2}}^{+\frac{T}{2}} f(t)\cos n\omega t\, dt$$

$$= \frac{2}{T}\left\{\int_{-\frac{T}{2}}^{-\frac{T}{4}} -\cos n\omega t\, dt + \int_{-\frac{T}{4}}^{+\frac{T}{4}} \cos n\omega t\, dt + \int_{+\frac{T}{4}}^{+\frac{T}{2}} -\cos n\omega t\, dt\right\}$$

$$= \frac{2}{T}\left\{\left[\frac{-\sin n\omega t}{n\omega}\right]_{-\frac{T}{2}}^{-\frac{T}{4}} + \left[\frac{\sin n\omega t}{n\omega}\right]_{-\frac{T}{4}}^{+\frac{T}{4}} + \left[\frac{-\sin n\omega t}{n\omega}\right]_{+\frac{T}{4}}^{+\frac{T}{2}}\right\}$$

$$= \frac{8}{n\omega T}\sin\left(\frac{n\omega T}{4}\right) - \frac{4}{n\omega T}\sin\left(\frac{n\omega T}{2}\right)$$

ここで，$\omega T = 2\pi$ より

$$a_n = \frac{4}{n\pi}\sin\left(\frac{n\pi}{2}\right)$$

$n=1$ のとき，$a_1 = \frac{4}{\pi}\sin\frac{\pi}{2} = \frac{4}{\pi}$

$n=2$ のとき，$a_2 = \frac{4}{\pi}\cdot\frac{1}{2}\sin\pi = 0$

$n=3$ のとき，$a_3 = \frac{4}{\pi}\cdot\frac{1}{3}\sin\frac{3}{2}\pi = -\frac{4}{\pi}\cdot\frac{1}{3}$

これらの値をフーリエ級数の基本式(14.1)に代入すると，式(14.12)が得られる．

$$f(t) = a_0 + \sum_{n=1}^{\infty} a_n \cos n\omega t + \sum_{n=1}^{\infty} b_n \sin n\omega t \tag{14.1}$$

$$f(t) = \frac{4}{\pi}\left(\cos \omega t - \frac{1}{3}\cos 3\omega t + \frac{1}{5}\cos 5\omega t - \cdots\right) \tag{14.12}$$

演習問題 14.1

1. 図 14.5 に示した，反対称方形波のフーリエ級数の式(14.13)を導きなさい．

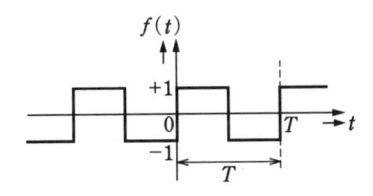

図 14.5　反対称方形波

2. 図 14.6 に示した，三角波のフーリエ級数の式(14.14)を導きなさい．

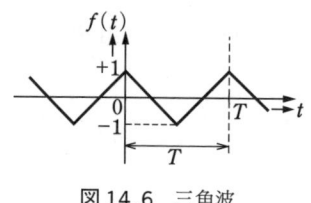

図 14.6　三角波

3. 図 14.7 に示した，のこぎり波のフーリエ級数の式 (14.15) を導きなさい．

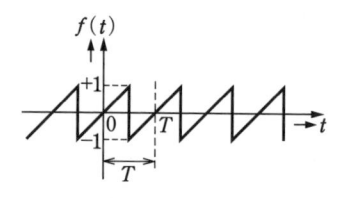

図 14.7　のこぎり波

14-2　フーリエ変換の基礎

1. フーリエ変換とは

　フーリエ級数の性質を用いてフーリエ係数を求めることは，関数 $f(x)$ を三角関数で表される波形に分解する操作であると考えることができる．一方，これとは逆に，フーリエ級数で表された三角関数の波形を重ね合わせて元の波形を復元する操作を考えることもできる（図 14.8）．

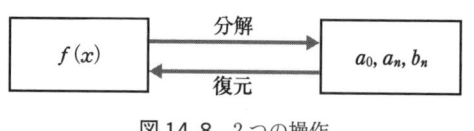

図 14.8　2 つの操作

　フーリエ級数は，周期 $T \to \infty$ と考えることで，非周期波形へ応用することが可能となる．図 14.9 は，方形波の周期 T を増加させていった場合の周波数スペクトル変化の概念図である．

図14.9 周波数スペクトルの変化

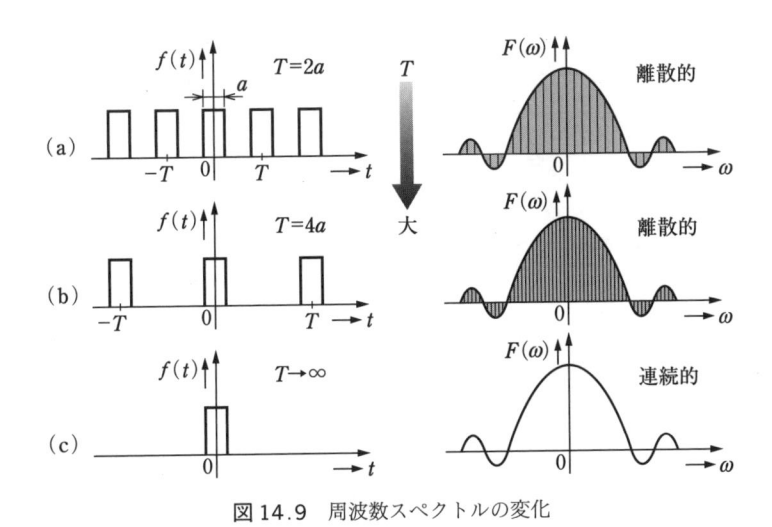

　図14.2に示したフーリエ級数の離散的な周波数スペクトルでは，高調波が基本周波数 $f=\dfrac{1}{T}$ の整数倍で出現する．ここで，周期 T を増加させるに従って，高調波の出現間隔が狭くなってくる．さらに，周期 $T\to\infty$ とすると，高調波は連続的に出現していると考えることができるために，周波数スペクトルは連続的となる．

　周期関数を扱う場合の Σ（総和計算）を極限操作の積分計算に変更する．すると，式(14.16)のように周波数の関数 $F(\omega)$ を求める**フーリエ変換**，及び式(14.17)のように時間の関数 $f(t)$ を求める**フーリエ逆変換**を定義することができる．

$$\text{フーリエ変換}\quad F(\omega)=\int_{-\infty}^{\infty}f(t)\varepsilon^{-j\omega t}dt \tag{14.16}$$

$$\text{フーリエ逆変換}\quad f(t)=\frac{1}{2\pi}\int_{-\infty}^{\infty}F(\omega)\varepsilon^{j\omega t}d\omega \tag{14.17}$$

図14.10に，フーリエ変換とフーリエ逆変換の関係を示す．

第14章 フーリエ級数

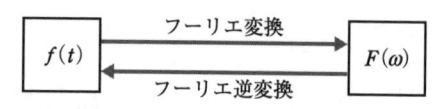

f(t) ⇄ F(ω)
（フーリエ変換 / フーリエ逆変換）

図 14.10　フーリエ変換と逆変換

周期波形を扱う場合には図 14.2 に示した離散的なスペクトルを扱ったが，非周期的な波形に拡張したフーリエ変換（または，フーリエ逆変換）では，連続的なスペクトルを扱うことになる．これは，$T \to \infty$ としたことで，周波数成分の間隔 $\left(f = \dfrac{1}{T}\right)$ が，連続的に分布していると考えられるためである．

【例題 14.3】 図 14.11 に示す，1 個の方形波のフーリエ変換を求めなさい．

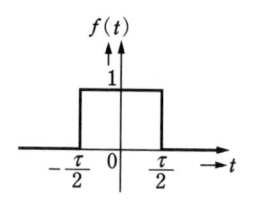

図 14.11　方形波

解答

$$F(\omega) = \int_{-\infty}^{-\frac{\tau}{2}} f(t)\varepsilon^{-j\omega t}dt + \int_{-\frac{\tau}{2}}^{\frac{\tau}{2}} f(t)\varepsilon^{-j\omega t}dt + \int_{\frac{\tau}{2}}^{+\infty} f(t)\varepsilon^{-j\omega t}dt$$

$$= 0 + \int_{-\frac{\tau}{2}}^{\frac{\tau}{2}} \varepsilon^{-j\omega t}dt + 0$$

$$= \left[\frac{\varepsilon^{-j\omega t}}{-j\omega}\right]_{-\frac{\tau}{2}}^{\frac{\tau}{2}} = \frac{1}{-j\omega}\left(\varepsilon^{-j\omega \frac{\tau}{2}} - \varepsilon^{j\omega \frac{\tau}{2}}\right)$$

$\varepsilon^{j\theta} = \cos\theta + j\sin\theta$ より

$$F(\omega) = \frac{j}{\omega}\left\{\cos\left(-\omega\frac{\tau}{2}\right) + j\sin\left(-\omega\frac{\tau}{2}\right)\right.$$

$$-\cos\left(\omega\frac{\tau}{2}\right)-j\sin\left(\omega\frac{\tau}{2}\right)\bigr\}$$

$$=\frac{j}{\omega}\bigl\{-j2\sin\left(\omega\frac{\tau}{2}\right)\bigr\}=\frac{2}{\omega}\sin\left(\omega\frac{\tau}{2}\right)=\tau\frac{\sin\left(\omega\frac{\tau}{2}\right)}{\frac{\omega\tau}{2}}$$

$x=\dfrac{\omega\tau}{2}$ とすると,

$$F(\omega)=\tau\frac{\sin x}{x}\ ,\ \frac{F(\omega)}{\tau}=\frac{\sin x}{x}$$

この波形は, 図 14.12 に示すような連続的なスペクトルとなる.

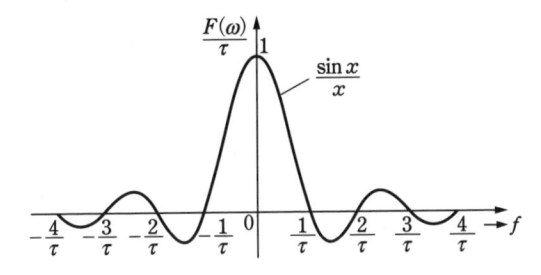

図 14.12　フーリエ変換後の波形

2. インパルス波形のフーリエ変換

インパルス波形 $\delta(t)$ は, 図 14.13 に示す方形波 $f(t)$ の極限で表される.

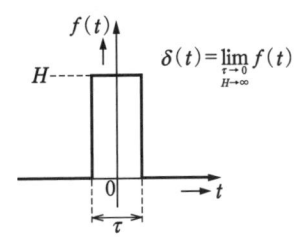

図 14.13　インパルス波形

この波形は，時間 $t=0$ において無限大の大きさをもち，$t=0$ 以外の時間では振幅が 0 であると考えることができる．また，波形の積分値は，式(14.18)のように定義する．インパルス波形は，δ（デルタ）**関数**ともよばれる．

$$\int_{-\infty}^{\infty} \delta(t) dt = 1 \tag{14.18}$$

【例題 14.4】 インパルス波形のフーリエ変換を求めなさい．

解 答
$$F(\omega) = \int_{-\infty}^{\infty} \delta(t) \varepsilon^{-j\omega t} dt = \int_{-\infty}^{\infty} \{\lim_{\substack{\tau \to 0 \\ H \to \infty}} f(t)\} \varepsilon^{-j\omega t} dt$$

$$= \lim_{\substack{\tau \to 0 \\ H \to \infty}} \int_{-\infty}^{\infty} f(t) \varepsilon^{-j\omega t} dt$$

この積分は，例題 14.3 で扱った方形波の振幅を H として計算できる．

$$F(\omega) = \lim_{\substack{\tau \to 0 \\ H \to \infty}} \left\{ H\tau \frac{\sin\left(\frac{\omega\tau}{2}\right)}{\frac{\omega\tau}{2}} \right\} = \lim_{\substack{\tau \to 0 \\ H \to \infty}} H\tau \cdot \lim_{\tau \to 0} \frac{\sin\left(\frac{\omega\tau}{2}\right)}{\frac{\omega\tau}{2}} = 1 \times 1 = 1$$

インパルス波形のフーリエ変換後の周波数スペクトルは，図 14.14 に示すように，全ての周波数において大きさが 1 のスペクトルとなる．

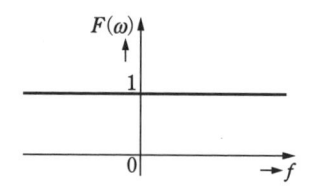

図 14.14 インパルス波形の周波数スペクトル

インパルス波形を用いると，すべての周波数に対する応答を得ることができるために，非破壊検査など多くの分野で応用されている．医者が患者の体をトントンと叩いて聴診器からの音を観察したり，スイカをコツ

ンと叩いて生じる音で中身を判断しようとしたりするのも，インパルス波形の応用と考えることができる．なお，定義通りのインパルス波形を発生することは不可能であるが，短時間で振幅の大きいパルス波形で近似的に代用することができる．

演習問題 14.2

1. 図 14.15 に示す三角波の周波数スペクトルは，図 14.16 のように表すことができる．三角波のフーリエ変換について，次の問に答えなさい．
   ① 関数 $f(t)$ を時間 t の場合分け関数として表しなさい．
   ② 関数 $f(t)$ をフーリエ変換しなさい．

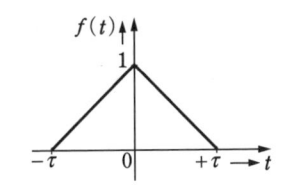

図 14.15 三角波

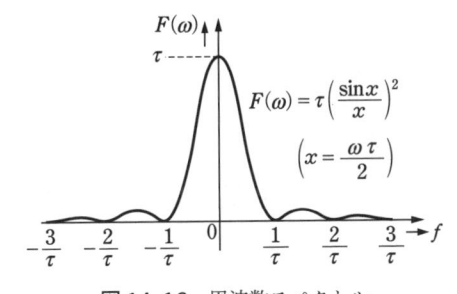

図 14.16 周波数スペクトル

章末問題 14

1. 図 14.17 に示す三角波をフーリエ級数で表した場合の式の概要を答えなさい．

2. 図 14.18 に示す三角波について，フーリエ係数 a_0, a_n, b_n を答えなさい．

   〈ヒント〉フーリエ係数を計算する式は，式(14.2)〜式(14.4)に示したが，式(14.19)を用いて計算することもできる．

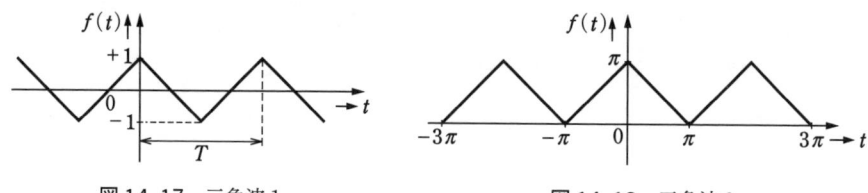

図 14.17　三角波 1

図 14.18　三角波 2

$$a_n = \frac{1}{\pi}\int_{-\pi}^{\pi} f(t)\cos nt\, dt \quad (n=0,1,2,\cdots)$$
$$b_n = \frac{1}{\pi}\int_{-\pi}^{\pi} f(t)\sin nt\, dt \quad (n=1,2,3,\cdots)$$
(14.19)

3. 次式で表される図 14.19 のような関数 $f(t)$ のフーリエ変換を求めなさい．
   $$f(t) = \varepsilon^{-a|t|} \quad (a>0)$$

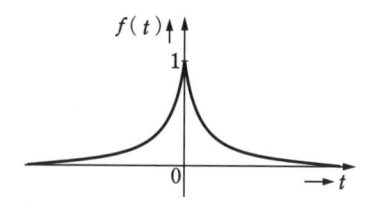

図 14.19　章末問題 3

第15章　ラプラス変換

　ラプラス変換を用いると，時間 t の関数とは無関係な関数 s の世界における代数計算によって微分方程式の解を求めることが可能になる．ラプラス変換は，$t<0$ で関数 $f(t)=0$ を扱う点で $s=j\omega$ としたフーリエ変換と等価である．しかし，電気回路の過渡現象などでは，一般に $0<t$ を考えるので，$t<0$ を定義しなくてもよいラプラス変換が有用となることが多い．この章では，ラプラス変換の基礎と電気回路への応用例について学ぶ．

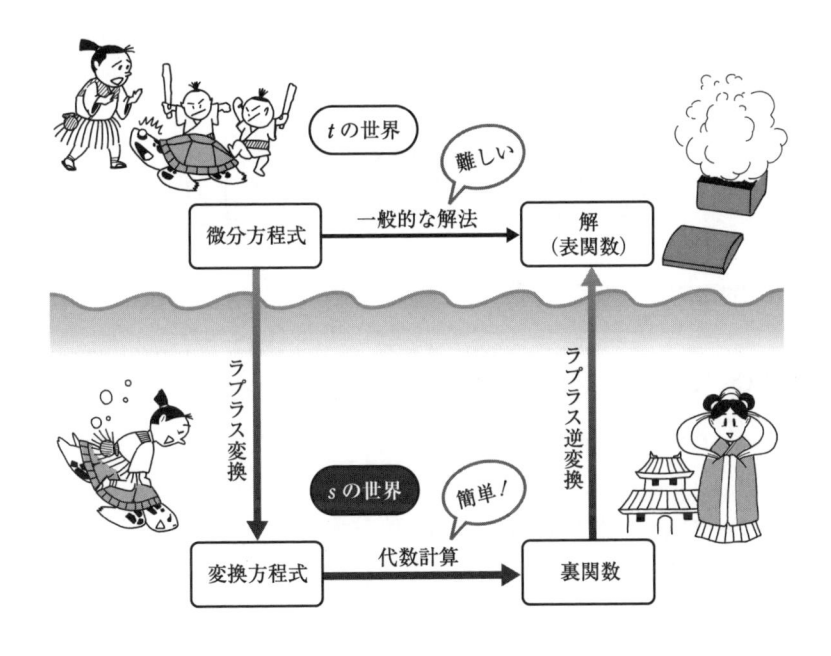

〈Keywords〉　微分方程式，ラプラス変換，変換方程式，表関数，裏関数，ラプラス変換の諸定理，ラプラス逆変換，過渡現象，補助回路，自動制御，伝達関数

15-1 ラプラス変換の基礎

1. ラプラス変換とは

$0 < t < \infty$ で定義された関数 $f(t)$ に対して，式(15.1)の操作を**ラプラス変換** (Laplace transformation) といい，記号 $\mathcal{L}$ で表す．

$$F(s) = \int_0^\infty \varepsilon^{-st} f(t) dt \tag{15.1}$$

元の関数 $f(t)$ を**表関数**といい，ラプラス変換後の式を**変換方程式**（または変換式），関数 $F(s)$ を**裏関数**とよぶ（図 15.1 参照）．

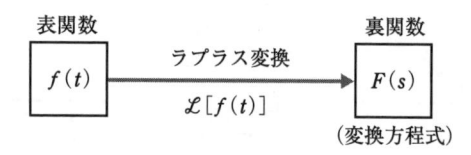

図 15.1　ラプラス変換

【**例題 15.1**】　次のラプラス変換を求めなさい．
　　① $f(t) = 1$　　② $f(t) = a$　　③ $f(t) = \varepsilon^{-at}$

解答　① $F(s) = \mathcal{L}[1] = \int_0^\infty \varepsilon^{-st} \cdot 1 dt = \int_0^\infty \varepsilon^{-st} dt = -\dfrac{1}{s}[\varepsilon^{-st}]_0^\infty$

$\qquad\qquad = -\dfrac{1}{s}[\varepsilon^{-\infty} - \varepsilon^0] = -\dfrac{1}{s}[0-1] = \dfrac{1}{s}$

　　② $F(s) = \mathcal{L}[a] = \int_0^\infty \varepsilon^{-st} \cdot a dt = -\dfrac{a}{s}[\varepsilon^{-st}]_0^\infty = -\dfrac{a}{s}[\varepsilon^{-\infty} - \varepsilon^0]$

$\qquad\qquad = -\dfrac{a}{s}[0-1] = \dfrac{a}{s}$

③ $F(s) = \mathcal{L}[\varepsilon^{-at}] = \int_0^\infty \varepsilon^{-st} \cdot \varepsilon^{-at} dt = \int_0^\infty \varepsilon^{-(s+a)t} dt$

$= -\dfrac{1}{s+a}[\varepsilon^{-(s+a)t}]_0^\infty = -\dfrac{1}{s+a}[\varepsilon^{-\infty} - \varepsilon^0]$

$= -\dfrac{1}{s+a}[0-1] = \dfrac{1}{s+a}$

2. ラプラス変換の諸定理

ラプラス変換には,加減定理をはじめとする諸定理がある.これらの定理を使用すれば,より簡単にラプラス変換を行える場合が多い.

・**加減定理**(線形則)

ラプラス変換は,式(15.1)に示したように変数 t に関する線形積分であるため,加減定理として式(15.2)が成立する.

$$\mathcal{L}[f_1(t)] = F_1(s),\ \mathcal{L}[f_2(t)] = F_2(s) \text{ とすれば,}$$
$$\mathcal{L}[f_1(t) \pm f_2(t)] = F_1(s) \pm F_2(s) \quad (\text{複号同順}) \tag{15.2}$$

したがって,多項式のラプラス変換は各項ごとに求めることができる.また,式(15.3)に示すように,関数 $f(t)$ に任意の定数 a を乗じた $af(t)$ のラプラス変換は $aF(s)$ である.これは,$af(t)$ が $f(t)$ の a 個分の和であることと式(15.2)の加減定理から導くことができる.

$$\mathcal{L}[af(t)] = aF(s) \tag{15.3}$$

・**変移定理**(推移定理)

関数 $f(t)$ に ε^{at} を乗じた $\varepsilon^{at} \cdot f(t)$ のラプラス変換は $F(s-a)$ となる(式(15.4)).

$$\mathcal{L}[\varepsilon^{at} \cdot f(t)] = F(s-a) \tag{15.4}$$

証明は，例題 15.2 ③を参照されたい．表 15.1 に，ラプラス変換の諸定理を示す．

【例題 15.2】 次のラプラス変換を求めなさい．
① $\mathcal{L}[1-\varepsilon^{at}]$　　② $\mathcal{L}[\sin \omega t]$　　③ $\mathcal{L}[\varepsilon^{at}\cdot f(t)]$

解 答 ① $F(s)=\mathcal{L}[1-\varepsilon^{at}]=\mathcal{L}[1]-\mathcal{L}[\varepsilon^{at}]$

$$=\int_0^\infty \varepsilon^{-st}\cdot 1\, dt - \int_0^\infty \varepsilon^{-st}\cdot \varepsilon^{at}\, dt = -\frac{1}{s}[\varepsilon^{-\infty}-\varepsilon^0]$$

$$-\left\{-\frac{1}{s-a}[\varepsilon^{-\infty}-\varepsilon^0]\right\}=\frac{1}{s}-\frac{1}{s-a}=\frac{(s-a)-s}{s(s-a)}=\frac{-a}{s(s-a)}$$

② オイラーの公式（第 7 章 p.93）より，

$$\sin \omega t = \frac{1}{2j}(\varepsilon^{j\omega t}-\varepsilon^{-j\omega t})$$

$$F(s)=\mathcal{L}[\sin \omega t]=\mathcal{L}\left[\frac{1}{2j}(\varepsilon^{j\omega t}-\varepsilon^{-j\omega t})\right]$$

$$=\frac{1}{2j}\left(\frac{1}{s-j\omega}-\frac{1}{s+j\omega}\right)\quad\text{（例題 15.1 ③参照）}$$

$$=\frac{1}{2j}\left\{\frac{s+j\omega-s+j\omega}{(s-j\omega)(s+j\omega)}\right\}=\frac{1}{2j}\cdot\frac{2j\omega}{s^2+\omega^2}=\frac{\omega}{s^2+\omega^2}$$

③ $F(s)=\mathcal{L}[\varepsilon^{at}\cdot f(t)]=\int_0^\infty \varepsilon^{-st}\cdot\varepsilon^{at}\cdot f(t)\, dt=\int_0^\infty \varepsilon^{-(s-a)t}\cdot f(t)\, dt$

これは，式(15.1)において，s を $(s-a)$ と置いたのと同じである．
よって，$\mathcal{L}[\varepsilon^{at}\cdot f(t)]=F(s-a)$

【例題 15.3】 $\mathcal{L}[\varepsilon^{at}]$ の変換結果を用いて，$t\varepsilon^{at}$ のラプラス変換を求めなさい．

解 答 $f(t)=\varepsilon^{at}$ とする．

$$F(s)=\mathcal{L}[\varepsilon^{at}]=\frac{1}{s-a} \text{ より，}\quad F'(s)=-\frac{1}{(s-a)^2}$$

また，表 15.1 の微分則 $\mathcal{L}[-tf(t)] = \dfrac{d}{ds}F(s)$ より

$$\mathcal{L}[-tf(t)] = \mathcal{L}[-t\varepsilon^{at}] = -\dfrac{1}{(s-a)^2}$$

したがって，$\mathcal{L}[t\varepsilon^{at}] = \dfrac{1}{(s-a)^2}$

表 15.1 ラプラス変換の諸定理

名　称	$f(t)$	$F(s)$
加減定理	$a_1 f_1(t) \pm a_2 f_2(t)$	$a_1 F_1(s) \pm a_2 F_1(s)$
変移定理	$\varepsilon^{at} \cdot f(t)$	$F(s-a)$
変時定理	$f(t-a)u(t-a)$	$\varepsilon^{-as}F(s)$
相似定理	$f\left(\dfrac{t}{a}\right)$	$aF(as)$
微分則	$\dfrac{d}{dt}f(t)$	$sF(s) - f(0)$
	$-tf(t)$	$\dfrac{d}{ds}F(s)$
積分則	$\displaystyle\int_{-\infty}^{t} f(\tau)d\tau$	$\dfrac{1}{s}F(s) + \dfrac{1}{s}\displaystyle\int_{-\infty}^{0} f(t)dt$
	$\dfrac{1}{t}f(t)$	$\displaystyle\int_{s}^{\infty} F(\omega)d\omega$
たたみ込み積分則	$\displaystyle\int_{0}^{t} f_1(\tau)f_2(t-\tau)d\tau$	$F_1(s)F_2(s)$
	$f_1(t)f_2(t)$	$\dfrac{1}{2\pi j}\displaystyle\int_{\sigma-j\infty}^{\sigma+j\infty} F_1(\omega)F_2(s-w)d\omega$
初期値定理	$\displaystyle\lim_{t \to 0} f(t)$	$\displaystyle\lim_{s \to \infty} sF(s)$
最終値定理	$\displaystyle\lim_{t \to \infty} f(t)$	$\displaystyle\lim_{s \to 0} sF(s)$

【例題 15.4】 $\mathcal{L}[\sin \omega t]$ の変換結果を用いて，$\cos \omega t$ のラプラス変換を求めなさい．

解 答　$f(t)=\cos \omega t$ とする．

$$f'(t)=-\omega \sin \omega t, \quad \mathcal{L}[f'(t)]=-\omega \mathcal{L}[\sin \omega t]$$

ここで，$\mathcal{L}[\sin \omega t]=\dfrac{\omega}{s^2+\omega^2}$ であるから，

$$\mathcal{L}[f'(t)]=-\omega \mathcal{L}[\sin \omega t]=-\dfrac{\omega^2}{s^2+\omega^2}$$

また，表 15.1 の微分則 $\mathcal{L}\left[\dfrac{d}{dt}f(t)\right]=sF(s)-f(0)$ より

$$\mathcal{L}\left[\dfrac{d}{dt}f(t)\right]=-\dfrac{\omega^2}{s^2+\omega^2}=s\mathcal{L}[\cos \omega t]-\cos 0$$

したがって，$\mathcal{L}[\cos \omega t]=\dfrac{s}{s^2+\omega^2}$

3．ラプラス変換表

表 15.2 に，代表的な関数のラプラス変換表を示す．

表 15.2　ラプラス変換表

$f(t)$	$F(s)$	$f(t)$	$F(s)$
1	$\dfrac{1}{s}$	$\sin \omega t$	$\dfrac{\omega}{s^2+\omega^2}$
a	$\dfrac{a}{s}$	$\cos \omega t$	$\dfrac{s}{s^2+\omega^2}$
t	$\dfrac{1}{s^2}$	$\varepsilon^{-at}\sin \omega t$	$\dfrac{\omega}{(s+a)^2+\omega^2}$
t^n	$\dfrac{n!}{s^{n+1}}$	$\varepsilon^{-at}\cos \omega t$	$\dfrac{s+a}{(s+a)^2+\omega^2}$
ε^{at}	$\dfrac{1}{s-a}$	$\sinh \omega t$	$\dfrac{\omega}{s^2-\omega^2}$
$t^n \varepsilon^{at}$	$\dfrac{n!}{(s-a)^{n+1}}$	$\cosh \omega t$	$\dfrac{s}{s^2-\omega^2}$

演習問題 15.1

1. 表 15.2 のラプラス変換表を用いて，次のラプラス変換を求めなさい．
   ① t^2 ② $\cos at + \sin at$

2. $\mathcal{L}[t^n \varepsilon^{-at}] = \dfrac{n!}{(s+a)^{n+1}}$ を用いて，$(1-at)\varepsilon^{-at}$ のラプラス変換を求めなさい．

3. $\mathcal{L}[\sin \omega t] = \dfrac{\omega}{s^2 + \omega^2}$ を用いて，$\sin t \cos t$ のラプラス変換を求めなさい．

15-2　ラプラス逆変換の基礎

1．ラプラス逆変換とは

ラプラス変換 $\mathcal{L}$ は，t の関数 $f(t)$ を s の関数 $F(s)$ に変換する操作であった．ラプラス逆変換 $\mathcal{L}^{-1}$ は，s の関数 $F(s)$ を t の関数 $f(t)$ に変換する $\mathcal{L}$ とは逆の操作である．つまり，裏関数を表関数に戻すことである（図 15.2）．

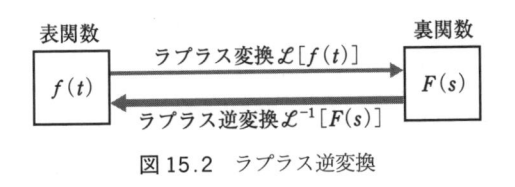

図 15.2　ラプラス逆変換

ラプラス逆変換を行うには，表 15.2 に示したラプラス変換表を使用して，表関数 $f(t)$ を求めるのが一般的である．

【例題 15.5】　次のラプラス逆変換を求めなさい．
　　① $F(s) = \dfrac{a}{s}$　　② $F(s) = \dfrac{6}{s^4}$　　③ $F(s) = \dfrac{\omega}{s^2 - \omega^2}$

解答 いずれも，表15.2のラプラス変換表を用いてラプラス逆変換を行う．

① $f(t) = \mathcal{L}^{-1}\left[\dfrac{a}{s}\right] = a$

② $f(t) = \mathcal{L}^{-1}\left[\dfrac{6}{s^4}\right] = \mathcal{L}^{-1}\left[\dfrac{3!}{s^{3+1}}\right] = t^3$

③ $f(t) = \mathcal{L}^{-1}\left[\dfrac{\omega}{s^2 - \omega^2}\right] = \sinh \omega t$

2. 基本的なラプラス逆変換

例題15.5では，ラプラス変換表から，直ちにラプラス逆変換を求めることができた．しかし，例えば次式のラプラス逆変換は，直ちに求めることができない．

$$F(s) = \dfrac{1}{s(s+a)}$$

このような場合には，部分分数への分解（第1章13ページ参照）を行ってからラプラス逆変換を行うとよい．

【例題15.6】 次のラプラス逆変換を求めなさい．
$$F(s) = \dfrac{1}{s(s+a)}$$

解答 $\dfrac{1}{s(s+a)} = \dfrac{A}{s} + \dfrac{B}{s+a}$ とおき，両辺に $s(s+a)$ を乗ずると，

$1 = A(s+a) + Bs$

$s = 0$ のとき，$1 = Aa$ より $A = \dfrac{1}{a}$

$s = -a$ のとき，$1 = -Ba$ より $B = -\dfrac{1}{a}$

よって，$\dfrac{1}{s(s+a)} = \dfrac{1}{as} - \dfrac{1}{a(s+a)} = \dfrac{1}{a}\left(\dfrac{1}{s} - \dfrac{1}{s+a}\right)$

$$f(t) = \mathcal{L}^{-1}[F(s)] = \mathcal{L}^{-1}\left[\frac{1}{a}\left(\frac{1}{s} - \frac{1}{s+a}\right)\right]$$

$$= \frac{1}{a}\left\{\mathcal{L}^{-1}\left[\frac{1}{s}\right] - \mathcal{L}^{-1}\left[\frac{1}{s+a}\right]\right\}$$

ラプラス変換表より

$$f(t) = \frac{1}{a}(1 - \varepsilon^{-at})$$

演習問題 15.2

1. 次のラプラス逆変換を求めなさい．

① $F(s) = \dfrac{3}{s(s+2)^2}$ ② $F(s) = \dfrac{s+3}{s(s-5)(s+2)}$

③ $F(s) = \dfrac{as^2 + a^3}{s(s+a)^3}$

15-3　ラプラス変換を用いた微分方程式の解法

1. ラプラス変換による微分方程式解法の手順

ラプラス変換を用いて微分方程式を解く手順は次のようになる（図 15.3）．

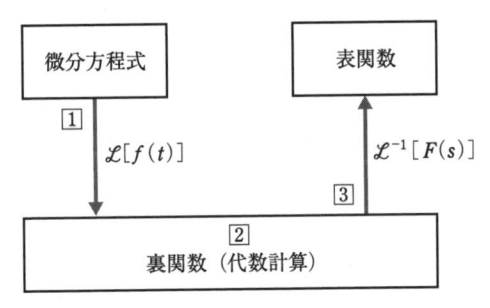

図 15.3　ラプラス変換による微分方程式の解法

●ラプラス変換による微分方程式解法手順

① ラプラス変換によって微分方程式を裏関数に変換する．
② 代数計算を行い，求めたい変数（関数）についての式にする．
③ ラプラス逆変換を行い，表関数に戻す．

【例題 15.7】 次の微分方程式をラプラス変換によって解きなさい．
$\dfrac{dx}{dt}+2x=\varepsilon^{-t}$ （ただし $t=0$ のとき $x=3$ とする．）

解答 両辺をラプラス変換すると，

$$sF(s)-x(0)+2F(s)=\dfrac{1}{s+1}$$

$$F(s)=\dfrac{1}{s+2}\left(3+\dfrac{1}{s+1}\right)=\dfrac{2}{s+2}+\dfrac{1}{s+1}$$

$$\mathcal{L}^{-1}[F(s)]=2\varepsilon^{-2t}+\varepsilon^{-t}$$

2．電気回路への応用

電気回路においてラプラス変換は，過渡現象や自動制御などの計算に用いられることが多い．次の例題で，ラプラス変換を用いて過渡現象を表す式を求める手順を確認されたい．

【例題 15.8】 図 15.4 に示す RL 直列回路において成立する微分方程式 (15.5) の解を一般的な方法で求めることについては，第 13 章例題 13.6 で解

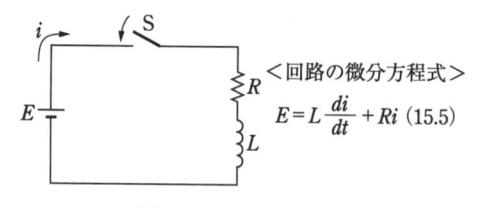

<回路の微分方程式>

$$E=L\dfrac{di}{dt}+Ri \quad (15.5)$$

図 15.4　RL 直列回路

説した．ここでは，ラプラス変換を用いて電流 i を表す式を求めなさい．

解答 手順① $\mathcal{L}[i]=I(s)$ として，式(15.5)の両辺をラプラス変換する．

$$\frac{E}{s}=L\{sI(s)-i(0)\}+RI(s)$$

$t=0$ においては，$i=0$ であるから $i(0)=0$

よって，$\dfrac{E}{s}=LsI(s)+RI(s)$

手順② $I(s)$ の式に変形する．

$$I(s)=\frac{E}{s}\left(\frac{1}{Ls+R}\right)=\frac{E}{Ls\left(s+\dfrac{R}{L}\right)}=\frac{E}{R}\left(\frac{1}{s}-\frac{1}{s+\dfrac{R}{L}}\right)$$

手順③ 両辺をラプラス逆変換する．

$$\mathcal{L}^{-1}[I(s)]=i=\frac{E}{R}(1-\varepsilon^{-\frac{R}{L}t})$$

この式は，第13章例題13.6の特殊解と一致する．

3. 補助回路

電気回路においては，表15.3に示す補助回路への変換を行った後に回路の方程式をたてるとより簡単に微分方程式の解を求められる場合がある．

表15.3 補助回路への変換（$\mathcal{L}[i]=I(s)$ とする）

回路	直流電源	抵抗	インダクタンス	静電容量
元の回路	E	$i \to R$	$i \to L$ (初期値 $i(0)$)	$i \to C$ (初期値 $+q(0), -q(0)$)
補助回路	$\dfrac{E}{s}$	$I(s) \to R$	$I(s) \to sL \quad Li(0)$	$I(s) \to \dfrac{1}{sC} \quad \dfrac{q(0)}{sC}$

【例題 15.9】 図 15.4 に示した RL 直列回路を補助回路に変換した後,回路の方程式を導きなさい.

解 答　表 15.3 を参照しながら補助回路を書くと図 15.5 のようになる.

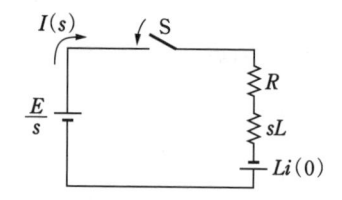

図 15.5　RL 直列回路の補助回路

この回路の方程式を導くと,

$$\frac{E}{s} + Li(0) = (R + sL)I(s)$$

$i(0) = 0$ より

$$\frac{E}{s} = (R + sL)I(s)$$

例題 15.8 の手順①で求めた式と一致する.

このように,補助回路を用いるとラプラス変換を行った式が直ちに求まるので便利である.

【例題 15.10】 自動制御における伝達関数 $G(s)$ とは,すべての初期値を 0 としたときの出力信号のラプラス変換後の式 $V_o(s)$ と入力信号のラプラス変換後の式 $V_i(s)$ との比で定義される.いま,図 15.6 に示す回路が与えられたとき,この回路の伝達関数 $G(s)$ を求めなさい.

解 答　自動制御では初期値を考えなくてよいので,図 15.6 の回路は,図 15.7 に示す補助回路に書き直すことができる.

図 15.6　例題 15.11 の回路

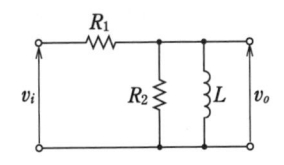

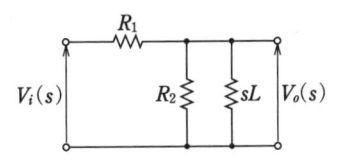

図 15.7　例題 15.11 の補助回路

図 15.7 の $V_i(s)$ と $V_o(s)$ の分圧を考えて

$$G(s) = \frac{V_o(s)}{V_i(s)} = \frac{R_2 sL}{R_2 + sL} \times \frac{1}{R_1 + \dfrac{R_2 sL}{R_2 + sL}}$$

$$= \frac{R_2 sL}{R_1 R_2 + R_1 sL + R_2 sL}$$

演習問題 15.3

1. 関数 $f(t)$ の導関数 $f'(t)$ のラプラス変換は次式で与えられる．

$$\mathcal{L}[f'(t)] = s\mathcal{L}[f(t)] - f(0) \quad (微分則)$$

このことを用いて，2 階の導関数 $f''(x)$ のラプラス変換を求めなさい．

2. 次の微分方程式をラプラス変換によって解きなさい．

$$\frac{d^2 y}{dt^2} + 4\frac{dy}{dt} = 1 \quad (ただし\ t=0\ のとき\ y=3,\ \frac{dy}{dt}=-2\ とする．)$$

3. 図 15.8 に示す RC 直列回路の微分方程式は，次のようになる．この式から，スイッチ S を閉じた後の過渡電流 i を表す式をラプラス変換によって求めなさい．ただし，コンデンサ C の電荷を q，スイッチ S を閉じた後の時間を t とする．

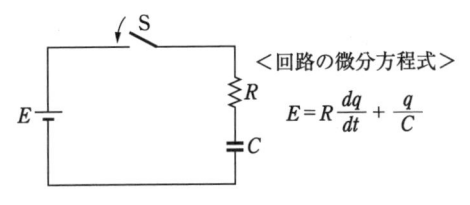

＜回路の微分方程式＞

$$E = R\frac{dq}{dt} + \frac{q}{C}$$

図 15.8　RC 直列回路

章末問題 15

1. 次のラプラス変換を求めなさい．
   ① $t^2 - 2$　　② $\cos 2t \cos 3t$　　③ $4\varepsilon^{-5t}$
   ④ $2 - 2\varepsilon^{-t}$　　⑤ $\varepsilon^{at} - \varepsilon^{bt}$　　⑥ $(at^2 + bt + c)\varepsilon^{-xt}$

2. 次のラプラス逆変換を求めなさい．
   ① $\dfrac{s+1}{(s-2)(s+3)}$　　② $\dfrac{1}{s^2(s+a)}$　　③ $\dfrac{s}{(s+a)^2}$
   ④ $\dfrac{1}{(s+a)^2 + b^2}$　　⑤ $\dfrac{s}{(s-2)^2 + 1}$　　⑥ $\dfrac{5s+4}{s(s+2)}$

3. 次の微分方程式をラプラス変換によって解きなさい．
   ① $\dfrac{d^2y}{dt^2} + 6\dfrac{dy}{dt} + 10y = 0$ （ただし，$t=0$ のとき $y = \dfrac{dy}{dt} = 2$ とする．）
   ② $\dfrac{d^2y}{dt^2} - \dfrac{dy}{dt} - 12y = 2$ （ただし，$t=0$ のとき $y=1$，$\dfrac{dy}{dt}=0$ とする．）

4. 図 15.9 の電気回路において，スイッチ S を端子 A 側に閉じた後，十分に時間が経過してから，スイッチ S を端子 B 側に切り替えた．スイッチ S を端子 B 側に切り替えた際の回路の微分方程式は次のようになる．この微分方程式を解くことで，回路に流れる電流 i を表す式を求めなさい．

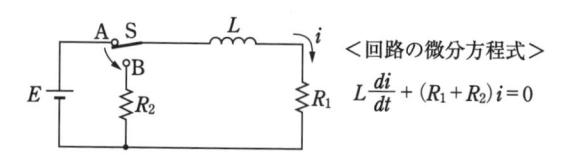

<回路の微分方程式>
$L\dfrac{di}{dt} + (R_1 + R_2)i = 0$

図 15.9　電気回路

問題解答 (詳しい解答がダウンロードできます．目次を参照して下さい．)

第1章 数式の計算

演習問題 1.1
1. ① $4\sqrt{5}$ ② $-1+\sqrt{6}$
2. ① 11 ② 10

演習問題 1.2
1. 3次式，3項式，係数は 1, 3, -2
2. ① x^3+x^2-x-5 ② x^3-x^2-5x-3 ③ $2x^3+3x^2-11$
   ④ $x^5+2x^4-4x^3-10x^2-5x+4$ ⑤ $x-2$, 余り $2x-6$
3. ① a^4-b^4 ② $a^4+a^2b^2+b^4$ ③ x^4-2x^2+1 ④ $x^2+2x-15$
   ⑤ $2x^2-7x-15$
4. ① $-(a-b)(b-c)(c-a)$ ② $x(2x+3y)^2$ ③ $(2x+1)(3x-2)$
   ④ $(x-2)(x-a+2)$ ⑤ $(x+1)(x+2)(x-1)(x+4)$
5. $a=-1, b=-4$

演習問題 1.3
1. ① $-\dfrac{a}{b}$ ② $\dfrac{2ab}{a^2+b^2}$
2. $\dfrac{9}{(x-1)(x+1)(x-2)}$
3. $\dfrac{1}{x-1}-\dfrac{1}{x+1}$

章末問題 1
1. ① $\dfrac{5\sqrt{2}+4}{2}$ ② $7+2\sqrt{3}$
2. ① $a^4-2a^3b+a^2b^2-4b^4$ ② x^4+2x^2+9
   ③ $x^4+10x^3+35x^2+50x+24$
3. ① $(x-2)(x^2+2x+4)$ ② $(2x+1)(3x-2)$
   ③ $(x+1)(x-1)(x+2)(x-2)$ ④ $(x^2+x+1)(x^2-x+1)$
   ⑤ $(2x-y+2)(x+y-1)$ ⑥ $(x-1)(x+3)(x^2+2x+5)$
   ⑦ $(2x^2-xy-3y^2)(2x^2+xy-3y^2)$
4. $m=1, -5$

5. x^2+2x+3
6. ① $\dfrac{x^2-x-1}{x^2-1}$ ② $\dfrac{2(2x+3)}{x(x+1)(x+2)(x+3)}$
7. $1-\dfrac{1}{x-1}+\dfrac{4}{x-2}$

第2章　関数と方程式・不等式

演習問題 2.1
1. $0 \leqq y \leqq 1$
2. $y=\dfrac{x+4}{3}$　$(-4 \leqq x \leqq 8,\ 0 \leqq y \leqq 4)$

演習問題 2.2
1. $y=\dfrac{1}{x-2}+2$

   $y=\dfrac{1}{x}$ のグラフを x 軸方向に 2，y 軸方向に 2 だけ平行移動したもの．

   漸近線の方程式は $x=2,\ y=2$
2. ① $x=\dfrac{1\pm\sqrt{5}}{2}$　② $x<-1,\ 1<x<2$
3. $y=-\sqrt{-x}$ のグラフを x 軸方向に 2 だけ平行移動したもの．
4. ① $x=4$　② $x \leqq 2$

演習問題 2.3
1. ① $\sqrt{2}$　② $8\log_{10} 2-1$　③ 8　④ 0　⑤ 2
2. ① $x=2$　② $x>3$　③ $x=3$

章末問題 2
1. $-1<y<1$
2. $y=\dfrac{x+3}{x-1}$　$(-1 \geqq x,\ -1 \leqq y<1)$
3. ① $a^{\frac{1}{3}}+b^{\frac{1}{3}}$　② 3　③ $\dfrac{1}{2}$
4. ① $0<a^x<5$
   　　$a>1$ のとき　$x<\log_a 5$
   　　$0<a<1$ のとき　$x>\log_a 5$
   ② $2 \leqq 2^x \leqq 6$，$\therefore 1 \leqq x \leqq \log_2 6$

③ $\log_3 x = 1, 3, \quad \therefore x = 3, 27$

④ $\log_2 x = -2, 3$

$\therefore \log_2 x = -2$ のとき $x = 2^{-2} = \dfrac{1}{4}$

$\log_2 x = 3$ のとき $x = 2^3 = 8$

⑤ $1 < x \leqq 2$　　⑥ $2 < x \leqq 3$

5. $\log_a x < 1$
6. 10 桁

補足問題
1. 省略
2. 省略

第 3 章　2 次関数

演習問題 3.1
1. $y = 2x^2$ のグラフを x 軸方向に -1，y 軸方向に -3 だけ平行移動したもの．
2. $a = 2, b = 16$

演習問題 3.2
1. $k = 1, 4$
2. ① 2　　② -5　　③ $-\dfrac{10}{3}$
3. $x^2 - x - 6 = 0$
4. 2 つの解を $a, a+1$ とおくと解と係数の関係から，
   $a = -1, 2$，
   $a = -1$ のとき $m = 0$，$a = 2$ のとき $m = 6$

演習問題 3.3
1. ① $x < -1, x > 3$　　② すべての x　　③ $-4 < x < 4$
   ④ $x = 7$　　⑤ 解なし　　⑥ $x = -3$ 以外のすべての x
2. $a = 1, b = 1$

章末問題 3
1. ① $y = 2x^2 - x + 3$　　② $y = -x^2 + 5x - 4$
2. $a = -1$
3. $(x - 1 - \sqrt{2})(x - 1 + \sqrt{2})$

4. $a \neq 0$ のとき $x=1, \dfrac{1}{a}$
   $a=0$ のとき $x=1$
5. $a < -\dfrac{1}{3}$
6. $a<2$ のとき $a<x<2$
   $a=2$ のとき 解なし
   $a>2$ のとき $2<x<a$

第4章 行列と連立方程式

演習問題 4.1

1. ① $[A]\times[B] \neq [B]\times[A]$ ② 2 ③ 2
   ④ $\begin{bmatrix} 1 & -0.5 & 1 \\ -2 & 1.5 & -2 \\ -3 & 1.5 & -2 \end{bmatrix}$ ⑤ 省略

演習問題 4.2

1. $x=6, y=-2$
2. ① $x=-2, y=1$ ② $x=3, y=-6, z=-5$
3. ① $x=-3, y=9$ ② $x=-2, y=1, z=4$
4. ① $x=5, y=3$ ② $x=4, y=-3, z=-2$

章末問題 4

1. ① $\begin{bmatrix} 3 & -3 \\ 11 & -5 \end{bmatrix}$ ② $\begin{bmatrix} 1 & 0 \\ 4 & 5 \end{bmatrix}$ ③ $\begin{bmatrix} 16 & 21 \\ -20 & 12 \end{bmatrix}$ ④ $\begin{bmatrix} -2 \\ 5 \\ 8 \end{bmatrix}$

2. ① 13 ② 4 ③ $\dfrac{1}{13}\begin{bmatrix} 4 & 1 & 2 \\ -5 & 2 & 4 \\ 1 & -3 & 7 \end{bmatrix}$ ④ 省略

3. ① $\begin{bmatrix} -5 & 7 & -2 \\ -4 & -9 & 5 \\ -1 & 2 & -4 \end{bmatrix}\begin{bmatrix} x \\ y \\ z \end{bmatrix} = \begin{bmatrix} 3 \\ 1 \\ -6 \end{bmatrix}$ ② $x=0, y=1, z=2$
   ③ $x=0, y=1, z=2$ ④ $x=0, y=1, z=2$

4. $I_1=5\,\text{A}, I_2=-2\,\text{A}, I_3=3\,\text{A}$

第5章 三角関数の基本

演習問題 5.1

1. ① $\dfrac{1}{4}\pi$　② $\dfrac{2}{3}\pi$　③ 135　④ 144　⑤ 450
2. $x \fallingdotseq 17.3\,\text{cm}$, $y = 10\,\text{cm}$
3. 0.893
4. 図5.2（63ページ）の三角形において
$$\sin^2\theta + \cos^2\theta = \left(\dfrac{a}{c}\right)^2 + \left(\dfrac{b}{c}\right)^2 = \dfrac{a^2+b^2}{c^2}$$
一方，ピタゴラスの定理より，$a^2+b^2=c^2$
よって，$\sin^2\theta + \cos^2\theta = 1$ が成立する．
5.

関数	第1象限	第2象限	第3象限	第4象限
$\sin\theta$	正	正	負	負
$\cos\theta$	正	負	負	正
$\tan\theta$	正	負	正	負

演習問題 5.2

1. 48 V　$\theta = 90°$
2. 2π [rad]
3. 141 V　$f = 15\,\text{Hz}$
4. $e = 50\sin\left(\omega t - \dfrac{\pi}{2}\right)$ [V]

演習問題 5.3

1. 2.8 cm　48.6°
2. $\dfrac{\pi}{6}$ [rad]
3. 48.2°

章末問題 5

1. X [°] $= \dfrac{180}{\pi} Y$ [rad]
2. 省略
3. ① e' より $\dfrac{\pi}{6}$ [rad] 遅れている　② 省略　③ $\dfrac{5}{12}\pi$ [rad]
4. 省略

第6章 三角関数の応用

演習問題 6.1
1. ① 0.966 ② 0.259 ③ 3.732
2. ① 0.966 ② 0.966 ③ -3.732
3. 省略
4. $\sin(180° - C) = \sin 180° \cos C - \cos 180° \sin C = \sin C$

演習問題 6.2
1. 省略
2. 省略
3. ① 0.96 ② 0.28 ③ 3.43
4. ① 0.2 ② 0.8 ③ 0.25
5. ① $e_1 + e_2 = 2 \sin\left(\omega t + \dfrac{\pi}{6}\right)$ [V] ② 最大値 2 V 最小値 -2 V

章末問題 6
1. ① 0.966 ② -0.259 ③ -3.732
2. $e_1 + e_2 = 20\sqrt{3} \sin\left(\omega t - \dfrac{\pi}{6}\right)$ [V]
3. ① $y = \sqrt{2} \sin\left(\omega t + \dfrac{\pi}{4}\right)$ ② $y = \sqrt{2} \cos\left(\omega t - \dfrac{\pi}{4}\right)$ ③ -0.375
4. 最大値 $y = 4$ 最小値 $y = -4$
5. 省略
6. 省略

第7章 複素数の基本

演習問題 7.1
1. ① $\dot{z} = 10 - j8$ ② $\dot{z} = 12.8(\cos 38.7° - j \sin 38.7°)$
   ③ $\dot{z} = 12.8 \varepsilon^{-j38.7°}$ ④ $\dot{z} = 12.8 \angle -38.7°$
2. ① $\dot{z} = 16.2(\cos 1.19 + j \sin 1.19)$ ② $\dot{z} = 3.6(\cos 4.12 - j \sin 4.12)$
3. ① $\dot{z} = 15 \angle 2.5$ rad ② $\dot{z} = 20.62 \angle -1.33$ rad

演習問題 7.2
1. $-1 + j5$ $-11 + j9$
2. $15 + j26$

3. $2\varepsilon^{j\frac{7\pi}{12}}$ $8\varepsilon^{j\frac{\pi}{12}}$
4. ① $\dot{z}'=-2+j3$ ② $\dot{z}'=10\varepsilon^{-j\frac{\pi}{3}}$

章末問題 7

1. ① $\sqrt{2}\left(\cos\frac{\pi}{4}+j\sin\frac{\pi}{4}\right)$ ② $\sqrt{2}\varepsilon^{j\frac{\pi}{4}}$ ③ $\sqrt{2}\angle\frac{\pi}{4}$ ④ $\sqrt{3}+j$
   ⑤ $2\left(\cos\frac{\pi}{6}+j\sin\frac{\pi}{6}\right)$ ⑥ $2\angle\frac{\pi}{6}$
2. ① 8.6 $-35.54°$ ② 21.1 $-58.57°$ ③ 14 $-30°$
   ④ 23 $90°$ ⑤ 20 $30°$
3. $\vec{A}:②, \vec{B}:③, \vec{C}:①, \vec{D}:④$
4. ① $4-j13$ ② $-18+j23$ ③ $13+j181$ ④ $-0.38-j0.16$
5. ① $24\varepsilon^{-j10°}$ ② $1.5\varepsilon^{j50°}$
6. ① $-0.4-j0.8$ ② $0.888+j0.984$

第8章　複素数の応用

演習問題 8.1

1. $\dot{I}=27.32+j10\,A$
2. $i=100\varepsilon^{-j\frac{\pi}{2}}\,[A]$
   $i=100\left\{\cos\left(-\frac{\pi}{2}\right)+j\sin\left(-\frac{\pi}{2}\right)\right\}$
3. ① $31.4\,\Omega$ ② $0.16\,\Omega$
4. ① $\dot{z}=10-j20\,\Omega$ ② $\dot{z}=j17.5\,\Omega$
5. ① $\dot{I}\fallingdotseq 7.10-j2.96\,A$ $I\fallingdotseq 7.69\,A$
   ② $\dot{I}\fallingdotseq 3.2+j17.6\,A$ $I\fallingdotseq 17.89\,A$

演習問題 8.2

1. $Z=50\,\Omega$ $I=2\,A$ $V_R=80\,V$ $V_C=60\,V$
2. $111.8\,V$
3. $6.34\,pF$

章末問題 8

1. ① $85\varepsilon^{-j45°}\,V$ ② $14\varepsilon^{j60°}\,A$
2. ① $\dot{Z}\fallingdotseq 20+j15.5\,\Omega$
      $Z=25.3\,\Omega$

$\theta \fallingdotseq 37.78°$
② $\dot{Z} \fallingdotseq 10.68 + j27.21\ \Omega$
$Z \fallingdotseq 29.23\ \Omega$
$\theta \fallingdotseq 68.57°$
3. ① $33.8\,\mathrm{nH}$ ② $31\,\mathrm{nF}$
4. $\dot{Z} \fallingdotseq 5 + j8.66\ \Omega$
$Z \fallingdotseq 10\ \Omega$
5. $\dot{Z}_4 \fallingdotseq 2.31 + j8.46\ \Omega$

第9章　微分の基本

演習問題 9.1

1. ① 1　② 0　③ 0　④ $\dfrac{1}{2}$　⑤ -3
2. ① 平均変化率：4　微分係数：16　② 平均変化率：5　微分係数：-2
3. ① $2x+2$　② $10x-3x^2$　③ $\dfrac{1}{2\sqrt{x}}$

演習問題 9.2

1. ① $-16x^3 + 14x + 3$　② $10(x+1)^9$　③ $\dfrac{3x^2}{(x+1)^4}$　④ $\dfrac{-2}{(x-1)^2}$
2. ① 3　② $t = \left(\dfrac{1}{2}(x-1)\right)$
3. ① $24(2x-1)$
　② $\dfrac{18}{(3x-2)^3}$

演習問題 9.3

1. ① $f(-1) = 11$（極大値）　$f(3) = -21$（極小値）　② 常に単調減少
2. $P = \dfrac{E^2 \omega C}{2}$

章末問題 9

1. ① -3　② 7　③ 1　④ $\dfrac{5}{3}$
2. ① $5x^4 - 12x^3 + 6x^2 - 10x - 3$　② $-\dfrac{2(x^2+1)}{(x^2-1)^2}$
　③ $\dfrac{4x}{(x+1)^3}$　④ $-\dfrac{3(2x-3)}{(x^2-3x+1)^4}$

3. ① $f(1-\sqrt{2})=-2\sqrt{2}$ （極大値）　　$f(1+\sqrt{2})=2\sqrt{2}$ （極小値）
　　② $f(2)=-11$ （最小値）

第10章　微分の応用

演習問題 10.1

1. $y=\sin^{-1}\theta$ から $\theta=\sin y$. $\dfrac{d\theta}{dy}=\cos y$ と
　　$\cos y=\sqrt{1-\sin^2 y}=\sqrt{1-\theta^2}$ より求める.

2. $y=\tan^{-1}\theta$ から $\theta=\tan y$. $\dfrac{d\theta}{dy}=\dfrac{1}{\cos^2 y}$ と
　　$\cos^2 y=\dfrac{1}{1+\tan^2 y}=\dfrac{1}{1+\theta^2}$ より求める.

3. ① $\omega\cos(\omega x+a)$　　② $\varepsilon^x(\cos x-\sin x)$　　③ $\dfrac{2}{(x-1)}$

4. ① $x^{\sin x}\left(\cos x \ln x+\dfrac{\sin x}{x}\right)$　　② $(x+4)^2(x+5)^3(7x+31)$

演習問題 10.2

1. 電流は電圧より位相 $\dfrac{\pi}{2}$ だけ進んでいる

2. ① $f\left(\dfrac{\pi}{6}\right)=\dfrac{\pi}{6}+\sqrt{3}$ （最大値）　　$f\left(\dfrac{5}{6}\pi\right)=\dfrac{5}{6}\pi-\sqrt{3}$ （最小値）
　　② $f\left(\dfrac{1}{\varepsilon}\right)=-\dfrac{1}{\varepsilon}$ （最小値）

演習問題 10.3

1. ① 0　　② 0
2. 省略
3. 省略

章末問題 10

1. ① $3(5x^4+12x^3-2)(x^5+3x^4-2x)^2$　　② $\dfrac{2x}{\sqrt{2x^2+1}}$　　③ $\dfrac{1}{\sqrt{x^2+1}}$
　　④ $x^{(\frac{1}{x}-2)}(1-\ln x)$　　⑤ $-\dfrac{1}{(1+x^2)}$

2. $y=-(x-1)$

3. ① $-k^2\sin kx$　　② $-\dfrac{1}{4\sqrt{x^3}}$　　③ $\varepsilon^x(x^2+4x+2)$

④ $-2\varepsilon^{-x}\cos x$

4. $\mu_0 N H_0 a^2 \omega \cos \omega t$
5. 省略
6. 省略

第 11 章　積分の基本

演習問題 11.1

1. ① $\dfrac{1}{3}x^3+\dfrac{7}{2}x^2+10x+C$　　② $2x-10\sqrt{x}+C$　　③ $\dfrac{1}{4}\left(\dfrac{2}{3}x-\dfrac{1}{4}\right)^6+C$

   ④ $x+\dfrac{1}{2}\sin 2x+C$　　⑤ $\dfrac{2}{3}(\varepsilon^x+1)^{\frac{3}{2}}-2(\varepsilon^x+1)^{\frac{1}{2}}+C$

   ⑥ $-\dfrac{1}{8}\cos 4x+\dfrac{1}{4}\cos 2x+C$

2. 省略

3. ① $\dfrac{4}{5}(x+2)^{\frac{5}{2}}-2(x+2)^{\frac{3}{2}}+C$　　② $\dfrac{1}{2}\ln(x^2+1)+C$

   ③ $\dfrac{1}{5}\sin^5 x+C$　　④ $\dfrac{1}{2}(\ln x)^2+C$

演習問題 11.2

1. ① $-\dfrac{1}{a}\left(x+\dfrac{1}{a}\right)\varepsilon^{-ax}+C$　　② $\dfrac{1}{2}x^2\left(\ln x-\dfrac{1}{2}\right)+C$

   ③ $\dfrac{1}{2}\varepsilon^x(\cos x+\sin x)+C$

2. ① $\ln\dfrac{|x+1|^3}{x^2+1}+C$　　② $\dfrac{1}{8}\cdot\dfrac{(-4x+3)}{(2x-1)^2}+C$

章末問題 11

1. ① $\dfrac{x}{2}-\dfrac{\sin 2x}{4}+C$　　② $\ln(\varepsilon^x+1)+C$　　③ $-\dfrac{2}{x}-\dfrac{1}{2x^3}+3\ln|x|+C$

   ④ $3\varepsilon^x+\dfrac{1}{\ln 2}2^x+C$　　⑤ $-\dfrac{1}{3}(x+1)\cos(3x+5)+\dfrac{1}{9}\sin(3x+5)+C$

   ⑥ $x(\ln x-1)+C$　　⑦ $\dfrac{1}{10}\sin 5x+\dfrac{1}{2}\sin x+C$

   ⑧ $\dfrac{1}{2a}\ln\left|\dfrac{x+a}{x-a}\right|+C$

2. ① $\dfrac{1}{2}\ln\left(\dfrac{1+\sin x}{1-\sin x}\right)+C$　　② $\sin^{-1}\left(\dfrac{x}{a}\right)+C$　　③ $\dfrac{1}{a^2}\dfrac{x}{\sqrt{a^2-x^2}}+C$

④ $\dfrac{1}{a}\tan^{-1}\left(\dfrac{x}{a}\right)+C$ ⑤ $\dfrac{1}{2}\left(a^2\sin^{-1}\left(\dfrac{x}{a}\right)+x\sqrt{a^2-x^2}\right)+C$

⑥ $\ln|x+\sqrt{x^2+a}|+C$ ⑦ $\dfrac{1}{2}(x\sqrt{x^2+a}+a\ln|x+\sqrt{x^2+a}|)+C$

第 12 章　積分の応用

演習問題 12.1

1. ① $\dfrac{13}{3}$　② $\dfrac{7}{8}$　③ $\dfrac{80}{81}$　④ $\dfrac{\pi}{4}$　⑤ $\dfrac{4\sqrt{2}}{15}\sqrt{a^5}$

　⑥ $\dfrac{1}{a^2}$　⑦ $\dfrac{a}{a^2+b^2}$　⑧ $\dfrac{2}{3}$

2. ① 2　② $\ln\dfrac{b}{a}$　③ $a+\varepsilon^{-a}-1$

演習問題 12.2

1. 平均値 $\dfrac{I_m}{2}$　　実効値 $\dfrac{I_m}{\sqrt{3}}$

2. 内球の表面の電界は $E(a)=\dfrac{bV}{a(b-a)}$

   $E(a)$ を最小にするためには分母が最大になればよい．

   したがって $a=\dfrac{b}{2}$

3. $\dfrac{\lambda}{2\pi\varepsilon}\ln\dfrac{b}{a}$

4. ビオ・サバールの法則より求める．

章末問題 12

1. ① $m\neq n$ のとき 0，$m=n$ のとき π
   ② 常に 0
   ③ $m\neq n$ のとき 0，$m=n$ のとき π

2. πab

3. $C=\dfrac{4\pi\varepsilon}{\left(\dfrac{1}{a}+\dfrac{1}{b}\right)}$

4. $\dfrac{1}{2}\left\{\dfrac{I_A a^2}{\sqrt{(x^2+a^2)^3}}-\dfrac{I_B b^2}{\sqrt{(d-x)^2+b^2}}\right\}$ 〔A/m〕

第13章　微分方程式

演習問題 13.1
1. $2y = xy'$　　$y = 2x^2$
2. ①　$x^2 + y^2 = C$　　②　$y^2 + 2xy - x^2 = C$

演習問題 13.2
1. ①　$y = \dfrac{1}{x^2} C$　　②　$y = =\varepsilon^{3x} + C\varepsilon^{2x}$
2. ①　$y = (x-2)\varepsilon^x + C_1 x + C_2$　　②　$y = C_1 \varepsilon^{2x} + C_2 \varepsilon^{-x}$

章末問題 13
1. ①　$y' = -5y$　　②　$y'' = 2y' - y$
2. ①　$y = \dfrac{1 + C\varepsilon^{-2x}}{1 - C\varepsilon^{-2x}}$　　②　$y^2 = 2\varepsilon^x + C$
3. ①　$y^2 = Cx^4 - x^2$　　②　$y = C \cdot \varepsilon^{\frac{x}{y-x}} + x$
4. ①　$y = C\varepsilon^{\frac{x}{2}}$　　②　$y = C\varepsilon^x - x - 1$
5. $y(x) = f(x)z(x)$ とおくと
   $y' = fz' + f'z$
   $y'' = fz'' + 2f'z' + f''z$
   式（1）は，$fz'' + z'(2f' + pf) + z(qf + f'' + pf') = 0$
   式（2）へ変形するために，$2f' + pf = 0$
   式（13.4）より，$f = \varepsilon^{-\int \frac{p}{2} dx} = \varepsilon^{-\frac{px}{2}}$
   これを，z の項に代入する．
   $$qf + f'' + pf' = f\left(q - \dfrac{p^2}{4}\right)$$
   $$fz'' + z'0 + z\left(q - \dfrac{p^2}{4}\right)f = 0$$
   $$z'' + \left(q - \dfrac{p^2}{4}\right)z = 0$$
6. ①　$y = \varepsilon^x(x^2 - 4x + 6) + C_1 x + C_2$　　②　$y = \varepsilon^x(C_1 \sin 2x + C_2 \cos 2x)$
7. $i = \dfrac{E}{R} \varepsilon^{-\frac{t}{RC}}$

第14章　フーリエ級数

演習問題 14.1

1. 奇関数であるから，$a_n=0$.
   $$\begin{cases} -\dfrac{T}{2} < t \leq 0 \text{ のとき，} f(t)=-1 \\ 0 < t \leq +\dfrac{T}{2} \text{ のとき，} f(t)=1 \end{cases}$$
   以下省略

2. 偶関数であるから $b_n=0$.
   $$\begin{cases} -\dfrac{T}{2} < t \leq 0 \text{ のとき，} f(t)=1+\dfrac{4t}{T} \\ 0 < t \leq \dfrac{T}{2} \text{ のとき，} f(t)=1-\dfrac{4t}{T} \end{cases}$$
   以下省略

3. 奇関数であるから，$a_n=0$.
   $$b_n = \frac{2}{T}\int_{-\frac{T}{2}}^{\frac{T}{2}} \frac{2}{T} t \sin n\omega t \, dt$$
   以下省略

演習問題 14.2

1. ① $\begin{cases} |t|>\tau \text{ のとき，} f(t)=0 \\ -\tau < t \leq 0 \text{ のとき，} f(t)=1+\dfrac{t}{\tau} \\ 0 < t < \tau \text{ のとき，} f(t)=1-\dfrac{t}{\tau} \end{cases}$　　② $F(\omega)=\tau\left(\dfrac{\sin x}{x}\right)^2$

章末問題 14

1. $a_0=0$　$b_n=0$
2. $b_n=0$,　$a_0=\pi$,　$a_n=\dfrac{2}{\pi n^2}(1-\cos n\pi)$
3. $F(\omega)=\dfrac{2a}{a^2+\omega^2}$

第 15 章　ラプラス変換

演習問題 15.1

1. ① $\dfrac{2}{s^3}$　② $\dfrac{s+a}{s^2+a^2}$

2. $\dfrac{s}{(s+a)^2}$

3. $\dfrac{1}{s^2+4}$

演習問題 15.2

1. ① $\dfrac{3}{4}-\dfrac{3}{4}\varepsilon^{-2t}-\dfrac{3}{2}+t\varepsilon^{-2t}$　② $-\dfrac{3}{10}+\dfrac{8}{35}\varepsilon^{5t}+\dfrac{1}{14}\varepsilon^{-2t}$
   ③ $1-\varepsilon^{-at}-a^2t^2\varepsilon^{-at}$

演習問題 15.3

1. $\mathcal{L}[f''(t)]=s^2\mathcal{L}[f(t)]-sf(0)-f'(0)$
2. $y=\dfrac{39}{16}+\dfrac{1}{4}t+\dfrac{9}{16}\varepsilon^{-4t}$
3. $i=\dfrac{E}{R}\varepsilon^{-\frac{t}{RC}}$

章末問題 15

1. ① $\dfrac{2-2s^2}{s^3}$　② $\dfrac{s(s^2+13)}{(s^2+25)(s^2+1)}$　③ $\dfrac{4}{s+5}$　④ $\dfrac{2}{s(s+1)}$
   ⑤ $\dfrac{a-b}{(s-a)(s-b)}$　⑥ $\dfrac{2a}{(s+x)^3}+\dfrac{b}{(s+x)^2}+\dfrac{c}{s+x}$

2. ① $\dfrac{3}{5}\varepsilon^{2t}+\dfrac{2}{5}\varepsilon^{-3t}$　② $\dfrac{1}{a^2}(\varepsilon^{-at}-1+at)$　③ $(1-at)\varepsilon^{-at}$
   ④ $\dfrac{1}{b}\varepsilon^{-at}\sin bt$　⑤ $\varepsilon^{2t}(\cos t+2\sin t)$　⑥ $2+3\varepsilon^{-2t}$

3. ① $y=2\varepsilon^{-3t}(\cos t+4\sin t)$　② $y=-\dfrac{1}{6}+\dfrac{2}{3}\varepsilon^{-3t}+\dfrac{1}{2}\varepsilon^{4t}$

4. $i=\dfrac{E}{R_1}\varepsilon^{-\frac{R_1+R_2}{L}t}$

参 考 文 献

- 田代嘉宏, 難波完爾編：高専の数学 1, 2, 3（第 2 版），森北出版
- 秀島照次編：数学公式活用事典，朝倉書店
- 春日正文編：モノグラフ公式集（3 訂版），科学新興社
- 塹江誠夫：チャート式基礎からの数学 I，数研出版
- 鳥居粛, 藤川英司, 伊藤泰郎：電気数学，森北出版
- 森武昭, 大矢征：基礎数学，森北出版
- 寺田文行：線形代数，サイエンス社
- 浅川毅, 熊谷文宏：電気のための基礎数学，東京電機大学出版局
- 石橋千尋：数学徹底攻略（改訂 2 版），電気書院
- 石橋千尋：電験第 2 種数学入門帖（改訂 2 版），電気書院
- 矢野健太郎, 石原繁：科学技術者のための基礎数学，裳華房
- 石橋千尋：電験第 2 種一次試験これだけ理論，電気書院
- 和達美樹：例解物理数学演習，岩波書店
- 家村道雄：電験 2 種完全マスター電気数学，オーム社
- 石村園子：すぐわかる微分方程式，東京図書
- 橋本研也：電気電子工学のためのフーリエ解析，科学技術出版
- 松尾博：工学のためのフーリエ変換，森北出版
- 小暮陽三：なっとくするフーリエ変換，講談社
- 山田直平, 島村敏：基礎ラプラス変換，コロナ社
- 川村雅恭：ラプラス変換と電気回路，昭晃堂
- 本郷忠敬：基礎過渡現象，オーム社

索 引

【英数字】

60分法 62
cos 63
$\cos^{-1}$ 73
cosec 63
cot 63
j 90
rad 62
sec 63
sin 63
$\sin^{-1}$ 73
tan 63
$\tan^{-1}$ 73
δ 関数 200
ω 70

【あ行】

アークコサイン 73
アークサイン 73
アークタンジェント 73
位相角 91
1階線形微分方程式 182
一般解 176
因数定理 11
因数分解 8
インパルス波形 199
インピーダンス 106
インピーダンス角 106
インピーダンス三角形 74
裏関数 204
n 次導関数 129
オイラーの公式 93
大きさ 91
遅れ位相 106
表関数 204

【か行】

解 176
階数 176
回転ベクトル 104
解の公式 37

角周波数 70
角速度 70
加減定理 205
加減法 54
過渡現象 212
加法定理 78
仮数 27
奇関数 191
逆関数 18
逆関数の微分 128
逆行列 51
逆三角関数 73
行 46
境界条件 176
共振 113
共振周波数 113
共役複素数 100
行列 46
行列式 49
極限値 120
極座標表示 93
虚数解 38
虚数単位 90
虚部 90
キルヒホッフの法則 111
偶関数 191
クラメールの公式 56
係数 6
係数比較法 13
原始関数 152
合成関数 127
合成関数 146
高調波 191
降べきの順 6
交流起電力の最大値 70
交流ブリッジ 117
コサイン 63
コセカント 63
コタンジェント 63
弧度法 62

【さ行】

最大値 104
最大電力 131
サイン 63
三角関数 64
三角関数のグラフ 65
三角関数表示 92
三角波 193
三角比 63
三相交流 71
三倍角の公式 88
シグマ 192
次数 6
指数関数 25
指数関数表示 92
指数不等式 29
指数法則 7
指数方程式 29
自然対数 27
自然対数の底 137
実効値 104, 167
実数 3
実数解 38
実部 90
自動制御 212
指標 27
重解 38
周波数スペクトル 196
瞬時値 70, 104
小行列 50
常微分方程式 176
常用対数 27
剰余定理 11
初期条件 176
真数 26
推移定理 205
数値代入法 13
スカラ 91
進み位相 107
スペクトル 191
正弦 63

正弦定理　67
正弦波交流　70
正接　63
静電気容量　169
正方行列　46
セカント　63
積分定数　152
積を和に変換する公式　84
ゼロ行列　46
漸近線　19
全微分　146

【た行】

対称式　5
対称方形波　193
対数　26
対数微分法　139
対数不等式　31
対数方眼紙　32
対数方程式　30
代入法　54
多項式　6
単位行列　46
単項式　6
タンジェント　63
単調減少　25
単調増加　25
値域　18
置換積分　154
直列回路　110
直列共振　113
直交座標表示　92
底　25
定義式　18
定数項　6
定数変化法　182,186
定積分　162
電磁誘導　142
伝達関数　214
転置行列　47
電流　142
導関数　123
同次形　178
同次方程式　184,182

同相　106
同類項　6
特殊解　176

【な行】

2階線形微分方程式　184
二項式を単項式に
　　変換する公式　82
2次関数　34
2次不等式　40
2次方程式　37
二倍角の公式　83
のこぎり波　194

【は行】

半角の公式　83
反対称方形波　193
判別式　39
ビオ・サバールの法則　171
被積分関数　152
非同次方程式　182,184
微分　123
微分係数　122
微分方程式　176,211
標準形　185,188
フーリエ逆変換　197
フーリエ級数　190
フーリエ係数　190
フーリエ係数を
　　計算する式　202
フーリエ変換　197
複素数　90
複素平面　91
不定積分　152
部分積分法　166
部分分数　13,210
部分分数分解　157
分数関数　19
分数不等式　21
分数方程式　20
平均値　167
平均変化率　121
平方根　4
並列回路　110

並列共振回路　114
べき関数の微分　124,141
ベクトル　91
ヘロンの公式　75
偏角　91
変換方程式　204
変数分離法　177
偏導関数　144
偏微分　144
偏微分方程式　176
補助回路　213

【ま行】

マクローリン展開式　93
未定係数法　13
無理関数　21
無理数　3
無理不等式　23
無理方程式　23

【や行】

有効数字　3
有理化　5
有理数　2
余因子　50
要素　46
余弦　63
余弦定理　67

【ら行】

ラジアン　62
ラプラス逆変換　209
ラプラス変換　204
ラプラス変換の諸定理　206
ラプラス変換表　208
リアクタンス　107
離散的　198
連続的　198
連立方程式　54

【わ行】

和を積に変換する公式　86

〈著者紹介〉

堀桂太郎（ほり　けいたろう）
　学　歴　日本大学大学院　理工学研究科　情報科学専攻　博士後期課程修了
　　　　　博士（工学）
　現　在　国立明石工業高等専門学校　電気情報工学科　教授
　主著書　アナログ電子回路の基礎（東京電機大学出版局）
　　　　　ディジタル電子回路の基礎（東京電機大学出版局）

佐村敏治（さむら　としはる）
　学　歴　神戸大学大学院　自然科学研究科　物質科学専攻　博士課程修了
　　　　　博士（理学）
　職　歴　元国立明石工業高等専門学校　電気情報工学科　教授

椿本博久（つばきもと　ひろひさ）
　学　歴　兵庫教育大学大学院　学校教育研究科　修了
　　　　　修士（学校教育学）
　職　歴　元国立明石工業高等専門学校　電気情報工学科　講師

電気・電子の基礎数学

2005年9月30日　第1版1刷発行　　ISBN 978-4-501-62100-1 C3041
2020年4月20日　第1版6刷発行

著　者　堀桂太郎・佐村敏治・椿本博久
　　　　©Hori Keitaro, Samura Toshiharu, Tsubakimoto Hirohisa 2005

発行所　学校法人　東京電機大学　〒120-8551　東京都足立区千住旭町5番
　　　　東京電機大学出版局　Tel. 03-5284-5386(営業)　03-5284-5385(編集)
　　　　　　　　　　　　　　Fax. 03-5284-5387　振替口座 00160-5-71715
　　　　　　　　　　　　　　https://www.tdupress.jp/

JCOPY　<(社)出版者著作権管理機構　委託出版物>
本書の全部または一部を無断で複写複製(コピーおよび電子化を含む)することは，著作権法上での例外を除いて禁じられています。本書からの複製を希望される場合は，そのつど事前に，(社)出版者著作権管理機構の許諾を得てください。
また，本書を代行業者等の第三者に依頼してスキャンやデジタル化をすることは，たとえ個人や家庭内での利用であっても，いっさい認められておりません。
［連絡先］Tel. 03-5244-5088，Fax. 03-5244-5089，E-mail: info@jcopy.or.jp

印刷：三美印刷(株)　　製本：渡辺製本(株)　　装丁：高橋壮一
落丁・乱丁本はお取り替えいたします。　　　　　　　　Printed in Japan